编审委员会

学术顾问

杜国城　全国高职高专教育土建类专业教学指导委员会秘书长　教授
季　翔　江苏建筑职业技术学院　教授
黄　维　清华大学美术学院　教授
罗　力　四川美术学院　教授
郝大鹏　四川美术学院　教授
陈　航　西南大学美术学院　教授
李　巍　四川美术学院　教授
夏镜湖　四川美术学院　教授
杨仁敏　四川美术学院　教授
余　强　四川美术学院　教授
张　雪　北京航空航天大学新媒体艺术与设计学院　教授

主编

沈渝德　四川美术学院　教授
中国建筑学会室内设计分会专家委员会委员、重庆十九分会主任委员
全国高职高专教育土建类专业教学指导委员会委员
建筑类专业指导分委员会副主任委员

编委

李　巍　四川美术学院　教授
夏镜湖　四川美术学院　教授
杨仁敏　四川美术学院　教授
沈渝德　四川美术学院　教授
刘　蔓　四川美术学院　教授
杨　敏　广州工业大学艺术设计学院　副教授
邹艳红　成都师范学院　教授
胡　虹　重庆工商大学　教授
余　鲁　重庆三峡学院美术学院　教授
文　红　重庆第二师范学院　教授
罗晓容　重庆工商大学　教授
曾　强　重庆交通大学　副教授

高等职业教育艺术设计"十二五"规划教材

ART DESIGN SERIES

环境艺术设计手绘表现教程

Hand-painted in Environment Art Design Course

王玉龙 田林 编著

国家一级出版社
全国百佳图书出版单位

西南师范大学出版社
XINAN SHIFAN DAXUE CHUBANSHE

图书在版编目（CIP）数据

环境艺术设计手绘表现教程 / 王玉龙，田林编著
. — 重庆：西南师范大学出版社，2014.9（2021.9重印）
高等职业教育艺术设计"十二五"规划教材
ISBN 978-7-5621-6974-1

Ⅰ. ①环… Ⅱ. ①王… ②田… Ⅲ. ①环境设计－绘画技法－高等职业教育－教材 Ⅳ. ①TU-856

中国版本图书馆CIP数据核字(2014)第169389号

丛书策划：李远毅　王正端

高等职业教育艺术设计"十二五"规划教材
主　　编：沈渝德

环境艺术设计手绘表现教程　王玉龙 田林 编著
HUANJING YISHU SHEJI SHOUHUI BIAOXIAN JIAOCHENG

责任编辑：袁　理
整体设计：沈　悦

西南师范大学出版社（出版发行）

地　　址：	重庆市北碚区天生路2号	邮政编码：	400715
本社网址：	http://www.xscbs.com	电　话：	(023)68860895
网上书店：	http://xnsfdxcbs.tmall.com	传　真：	(023)68208984

经　　销：新华书店
排　　版：刘锐
印　　刷：重庆康豪彩印有限公司
幅面尺寸：210mm×285mm
印　　张：6.5
字　　数：202千字
版　　次：2015年1月 第1版
印　　次：2021年9月 第2次印刷
书　　号：ISBN 978-7-5621-6974-1
定　　价：52.00元

本书如有印装质量问题，请与我社读者服务部联系更换。读者服务部电话：(023)68252507
市场营销部电话：(023)68868624　68253705

西南师范大学出版社美术分社欢迎赐稿。
美术分社电话：(023)68254657　68254107

序
Preface 沈渝德

职业教育是现代教育的重要组成部分，是工业化和生产社会化、现代化的重要支柱。

高等职业教育的培养目标是人才培养的总原则和总方向，是开展教育教学的基本依据。人才规格是培养目标的具体化，是组织教学的客观依据，是区别于其他教育类型的本质所在。

高等职业教育与普通高等教育的主要区别在于：各自的培养目标不同，侧重点不同。职业教育以培养实用型、技能型人才为目的，培养面向生产第一线所急需的技术、管理、服务人才。

高等职业教育以能力为本位，突出对学生能力的培养，这些能力包括收集和选择信息的能力、在规划和决策中运用这些信息和知识的能力、解决问题的能力、实践能力、合作能力、适应能力等。

现代高等职业教育培养的人才应具有基础理论知识适度、技术应用能力强、知识面较宽、素质高等特点。

高等职业艺术设计教育的课程特色是由其特定的培养目标和特殊人才的规格所决定的，课程是教育活动的核心，课程内容是构成系统的要素，集中反映了高等职业艺术设计教育的特性和功能，合理的课程设置是人才规格准确定位的基础。

本艺术设计系列教材编写的指导思想是从教学实际出发，以高等职业艺术设计教学大纲为基础，遵循艺术设计教学的基本规律，注重学生的学习心理，采用单元制教学的体例架构，使之能有效地用于实际的教学活动，力图贴近培养目标、贴近教学实践、贴近学生需求。

本艺术设计系列教材编写的一个重要宗旨，那就是要实用——教师能用于课堂教学，学生能照着做，课后学生愿意阅读。教学目标设置不要求过高，但吻合高等职业设计人才的培养目标，有足够的信息量和良好的实用价值。

本艺术设计系列教材的教学内容以培养一线人才的岗位技能为宗旨，充分体现培养目标。在课程设计上以职业活动的行为过程为导向，按照理论教学与实践并重、相互渗透的原则，将基础知识、专业知识合理地组合成一个专业技术知识体系。理论课教学内容根据培养应用型人才的特点，求精不求全，不过多强调高深的理论知识，做到浅而实在、学以致用；而专业必修课的教学内容覆盖了专业所需的所有理论，知识面广、综合性强，非常有利于培养"宽基础、复合型"的职业技术人才。

现代设计作为人类创造活动的一种重要形式，具有不可忽略的社会价值、经济价值、文化价值和审美价值，在当今已与国家的命运、社会的物质文明和精神文明建设密切相关。重视与推广设计产业和设计教育，成为关系到国家发展的重要任务。因此，许多经济发达国家都把发展设计产业和设计教育作为一种基本国策，放在国家发展的战略高度来把握。

近年来，国内的艺术设计教育已有很大的发展，但在学科建设上还存在许多问题。其表现在缺乏优秀的师资、教学理念落后、教学方式陈旧，缺乏完整而行之有效的教育体系和教学模式，这点在高等职业艺术设计教育上表现得尤为突出。

作为对高等职业艺术设计教育的探索，我们期望通过这套教材的策划与编写构建一种科学合理的教学模式，开拓一种新的教学思路，规范教学活动与教学行为，以便能有效地推动教学质量的提升，同时便于有效地进行教学管理。我们也注意到艺术设计教学活动个性化的特点，在教材的设计理论阐述深度上、教学方法和组织方式上、课堂作业布置等方面给任课教师预留了一定的灵动空间。

我们认为教师在教学过程中不再是知识的传授者、讲解者，而是指导者、咨询者；学生不再是被动地接受，而是主动地获取，这样才能有效地培养学生的自觉性和责任心。在教学手段上，应该综合运用演示法、互动法、讨论法、调查法、练习法、读书指导法、观摩法、实习实验法及现代化电教手段，体现个体化教学，使学生的积极性得到最大限度的调动，学生的独立思考能力、创新能力均得到全面的提高。

本系列教材中表述的设计理论及观念，我们充分注重其时代性，力求有全新的视点，吻合社会发展的步伐，尽可能地吸收新理论、新思维、新观念、新方法，展现一个全新的思维空间。

本系列教材根据目前国内高等职业教育艺术设计开设课程的需求，规划了设计基础、视觉传达、环境艺术、数字媒体、服装设计五个板块，大部分课题已陆续出版。

为确保教材的整体质量，本系列教材的作者都是聘请在设计教学第一线的、有丰富教学经验的教师，学术顾问特别聘请国内具有相当知名度的教授担任，并由具有高级职称的专家教授组成的编委会共同策划编写。

本系列教材自出版以来，由于具有良好的适教性，贴近教学实践，有明确的针对性，引导性强，被国内许多高等职业院校艺术设计专业采用。

为更好地服务于艺术设计教育，此次修订主要从以下四个方面进行：

完整性：一是根据目前国内高等职业艺术设计的课程设置，完善教材欠缺的课题；二是对已出版的教材在内容架构上有欠缺和不足的地方进行补充和修改。

适教性：进一步强化课程的内容设计、整体架构、教学目标、实施方式及手段等方面，更加贴近教学实践，方便教学部门实施本教材，引导学生主动学习。

时代性：艺术设计教育必须与时代发展同步，具有一定的前瞻性，教材修订中及时融合一些新的设计观念、表现方法，使教材具有鲜明的时代性。

示范性：教材中的附图，不仅是对文字论述的形象佐证，而且也是学生学习借鉴的成功范例，具有良好的示范性，修订中对附图进行了大幅度的更新。

作为高等职业艺术设计教材建设的一种探索与尝试，我们期望通过这次修订能有效地提高教材的整体质量，更好地服务于我国艺术设计高等职业教育。

前言
Foreword

  手绘表现是艺术类专业的基础学科，能够熟练掌握和灵活运用手绘表现已经不再是一门值得炫耀的技能，而是必须掌握的基础。信息时代的快速发展和计算机对设计提供的便捷条件似乎使很多人忘记了手绘的重要性。目前，在我国一些高等院校设计类专业的课程安排中，手绘表现不再作为教学重点，甚至已取消此课程，学校对手绘表现的不重视直接影响了学生学习的热情和积极性，甚至有学生认为：计算机能完成的任务为什么要通过手绘完成？计算机作图比手绘更加准确、有效率。诸如此类的问题蔓延在一些高校环境艺术设计专业的课程安排中，手绘真的已经丧失其意义和作用了吗？

  首先，手绘表现是培养设计类学生和设计师造型能力、创意思维能力、观察审美能力的必要手段。作为未来的设计师只有真正理解"美"的含义才能够设计出美的事物，在手绘表现学习的过程中，对于线条的掌握、形体结构的理解、色彩的搭配等多方面的综合训练，就是培养学生认识"美"的过程，缺少这个最基本的训练阶段，根本不具备后期创造"美"的能力。

  其次，手绘表现可直观地展示环境艺术设计成果。环境艺术设计最终的设计成果主要通过效果图来呈现，手绘效果图表现是主要的方式之一。相对于计算机绘图，手绘效果图更加生动、自然，更加具备纯然的艺术气质。手绘表现的随意、自由确立了其在环境艺术设计表现中的优势和地位。好的手绘效果图可以给设计加分不少，同样，再好的设计若是最终的效果图不尽如人意，那么设计师在设计理念和设计细节上的展示都将受到影响。

  最后，环境艺术设计是设计师在设计过程中得力的帮手，是设计师必备的基本技能。设计师将了解到的基本信息与自己的专业知识相结合，会对项目有一个大致的构想，这种构想或许是一个具体的场景，或许是一种符号，或许是稍纵即逝的灵感，在这个时候，就需要设计师通过快速表现的方式将这些构想记录下来。它可以培养设计师在较短的时间内，通过简单、明确的线条充分表达出自己的设计理念的能力。

  在环境艺术设计专业课程中，手绘表现是学生必不可缺少的一门技能，也是成为未来设计师必须掌握的行业基础。学生对手绘表现不仅要会临摹，更要去理解、变通，也不光是为了完成学业，更要为自己的将来铺垫基础。只有经过长时间不间断的练习，才能最终创作出真正为设计所用、为我所用的手绘作品。因此，手绘表现的重要性是显而易见的。

目录 Contents

教学导引 01

第一教学单元 环境艺术设计手绘表现概述 05
一、环境艺术设计手绘表现的基本概念 06
二、手绘表现的意义与作用 06
（一）手绘表现的意义 06
（二）手绘表现的作用 07
三、手绘表现的发展历程 08
四、手绘表现的形式分类 09
（一）马克笔手绘表现 09
（二）彩色铅笔手绘表现 10
（三）钢笔手绘表现 11
（四）水彩手绘表现 12
（五）其他手绘表现 13
五、绘制工具简介 16
（一）钢笔 16
（二）马克笔 16
（三）彩色铅笔 17
（四）绘图纸张 17
（五）其他辅助工具 19
六、单元教学导引 20

第二教学单元 环境艺术设计手绘表现的基本方法 21
一、应具备的相关基本能力 22
（一）透视基础 22
（二）造型基础 25
（三）色彩表现能力 25
二、手绘效果图表现的基础训练 27
（一）线条与笔触的表现 27
（二）色彩的表现 29
（三）单体的塑造 33
（四）局部组团练习 41
（五）临摹练习 42
（六）户外写生 45
（七）手绘作品创作 48

三、环境艺术设计手绘表现的基本要素 51
（一）平面图 51
（二）立面图、剖面图 52
（三）透视效果图 53
（四）鸟瞰图 55
四、单元教学导引 56

第三教学单元 环境艺术设计手绘表现步骤图解析 57
一、手绘效果图步骤详解 58
（一）室内手绘效果图步骤 58
（二）景观手绘效果图步骤 60
（三）建筑手绘效果图步骤 61
二、设计方案草图手绘表现实例解析 63
（一）《情牵德州》——美式乡村风格家居设计手绘表现 63
（二）《石头的故事》——主题公园入口设计手绘表现 65
三、单元教学导引 68

第四教学单元 手绘效果图表现风格及其个人情感表达 69
一、环境艺术手绘效果图表现风格分类 70
（一）快速表现 70
（二）写实表现 73
二、个人情感在效果图中的表现 76
（一）线条的情感流露 77
（二）色彩的整体烘托 78
（三）画面主题氛围的营造 81
三、单元教学导引 84

第五教学单元 优秀手绘表现作品赏析 85
一、室内手绘表现图 86
二、景观手绘表现图 89
三、建筑手绘表现图 92
四、单元教学导引 95

后记 96

参考文献 96

教学导引

一、教学基本内容设定

手绘表现是环境艺术设计专业中一门十分重要的专业基础课程，是一门将设计与艺术相结合的综合性课程，是一门培养学生综合设计能力的课程，在培养学生的创造能力、空间思维能力、审美感知能力等方面具有十分重要的意义。本课程具有很强的实践操作性，注重理论与实践相结合的教学方式，应作为环境艺术设计专业学生必修的专业课程。

环境艺术设计作为一门新兴学科，它的出现带动了手绘表现技法的发展。了解手绘表现的意义与作用，可以使学生清楚地认识到手绘表现在日后设计工作中的重要性与必要性，同时可以提高学生对学习手绘的积极性。手绘表现在中国发展时间较短，学习中西方环境艺术设计手绘表现方面的差异及特点，可以使学生汲取营养在接下来的课程实践中得以应用。同时，手绘表现在形式上包含丰富的内容，其中包括马克笔表现、彩色铅笔表现、钢笔表现、水彩表现等形式，认识和了解手绘表现形式是学习手绘表现课程中重要且基本的内容，在此基础上学生才可以进行运用和熟练掌握。另外，手绘表现工具种类繁多，在全面了解各种工具特性之后才能灵活运用。

手绘表现不是单纯的艺术，更不是单纯的设计，它是一门涉及多方面能力的综合课程，手绘表现应具备的基本能力主要有透视基础、造型基础和色彩表现能力，基本能力的掌握对于后期手绘学习有直接的影响。手绘表现的学习是一个循序渐进、由浅入深的过程，从最基础的线条练习到手绘作品创作是环环相扣、紧密相连的。

手绘表现的绘制需要科学合理的步骤，对环境艺术设计中室内、景观、建筑效果图的绘制步骤进行分析和理解，可作为日后绘制效果图的参考。手绘是为设计服务的，脱离了设计的手绘就成为了一种艺术，因此，对设计实际案例中的手绘表现进行全面了解和分析是作为设计手绘的基础，也是为日后实践打下基础。

手绘表现不仅是表现设计内容的有效方法，也是体现个人风格和个人情感的艺术设计手法。清楚了解手绘表现的不同风格，以及找到适合自己的表现手法，掌握并熟练运用，才能最终形成具有个性特征的手绘表现方式。

任何手绘作品都有值得汲取的营养成分，对于手绘表现作品的赏析应结合设计与艺术两方面要求，既要遵循设计上的科学性、合理性，又要追求一定的艺术效果，将优秀的手绘表现图中的积极因素为我所用。

手绘表现课程旨在培养眼、脑、手高度协调、统一的环境艺术设计专业型人才，根据这个培养目标的具体要求，同时依照高等职业教育教程改编与相关规定，本课程框架和结构主要分为五方面：

1.环境艺术设计手绘表现概述。从理论方面介绍手绘表现的基本概念、意义与作用、发展历程、形式分类以及主要绘图工具，让学生从宏观角度对手绘表现有一个初步了解。

2.环境艺术设计手绘表现的基本方法。着重对学生进行手绘效果图表现基础方面的训练，从最基本的元素逐步到一幅完整的手绘表现图的训练。

3.环境艺术设计手绘表现步骤图解析。了解手绘表现图绘制的主要步骤和基本方法、原则，形成一定的指导意义。

4.手绘效果图表现风格及其个人情感表达。本单元主要对手绘效果图表现的不同风格，以及个人情感与手绘表现之间的关系进行分析。

5.优秀手绘表现作品赏析。选取不同种类、不同风格的优秀手绘表现图或效果图进行相应的评析，总结其值得学习之处并加以利用。

二、教程预期达到的教学目标

手绘表现是眼、脑、手的综合运用，是将设计与艺术相结合的过程，在环境艺术设计专业领域，手绘表现是一个设计师必须要掌握的基本能力，也是判断设计师专业程度的首要标准。在高等职业教育教学过程中，手绘表现作为专业基础课程，要将训练学生熟练运用手绘基本表现技能作为重要培养目标。

本教程预期教学目标是：通过对环境艺术设计手绘表现基本理论的讲解及分析，结合大量练习，使学生能够清楚地认识到手绘表现在环境艺术设计专业中的重要意义和作用，同时能够掌握并熟练运用手绘表现基本技能进行设计思维的表达以及设计效果图的表达，为将来成为一个合格的设计师打下基础，以达到适应未来设计行业的基本要求。

三、教程的基本体例架构

本教程的基本体例架构根据高等职业教育教学中所面对的学生群体进行有针对性的展开和编制，具有明确的教学目标和培养计划。本教程基本理论框架采用通俗易懂的语言表述，配合相应的图片进行分析、总结，知识点清晰明确，重点突出。结合学生的实际需求以及设计专业现状构建一系列贴近教学实际的课程安排，每一单元的教学都配有相应的教学目标、要求、重点、注意事项提示和小结要点，同时针对每个单元的内容都拟定了学生课余时间练习题以及作业命题等，并罗列出每个单元专业参考书目，更加具有针对性和目的性。

四、教程实施的基本方式与手段

教程所实施的基本方式主要有六种：任课教师讲授、多媒体辅助教学、课堂练习、外出写生、实例讲解、优秀作品赏析。

任课教师讲授：任课教师讲授是最基本也是最直接的一种教学方式，也是贯穿教学始终的主要方式。对于手绘表现理论方面的知识，需要教师根据教程所提供的基本框架系统地授于学生，让学生对环境艺术设计手绘表现的背景有一个清晰、明确的认识。

多媒体辅助教学：多媒体辅助教学对于手绘表现的课程非常重要，任课教师在收集丰富的资料之后，需要通过多媒体的方式向学生展示，让学生对手绘表现有更直观的认识和理解，对手绘表现在实际中的运用了解得更加透彻，同时还可以通过多媒体的方式为学生绘制范画，这是手绘教学中非常行之有效的方法。

课堂练习：环境艺术手绘表现课程的重点就是让学生有实际操作的时间。利用课堂时间让学生对教师所教授的内容进行一定的巩固和练习是十分必要的，学生在一起练习时也可以相互借鉴和参考，教师可从旁指导，给予一定的帮助和具体方法的示范，不仅对学生手绘能力的提高很有帮助，还可以活跃课堂气氛，激发学生的上课激情。

外出写生：在学生对手绘表现基本的绘制方法有了一定的掌握之后，可以带领学生进行外出写生，对不同的室内空间、景观空间和各种建筑进行实地的绘制，此过程可为日后设计收集资料，同时也是强化学生们徒手表现能力的好机会。

实例讲解：手绘表现在环境艺术设计中是为设计服务的，所以手绘表现不能脱离设计。教师可以通过个别优秀的实际案例对手绘在设计中的应用进行细致、具体的分析和讲解，将案例分析透彻，让学生清楚地认识到手绘与设计的关系，并且尝试独立绘制一套完整的设计手绘表现效果图。

优秀作品赏析：优秀作品赏析可以通过多媒体教学方式进行，穿插于整个教程之中，在教学的每个阶段都需要将相应单元重点部分结合优秀作品展示给学生，学生从手绘表现的零基础到后期的实际应用过程中，对手绘表现的认识是在不断发生变化的，每个时期相应的优秀作品会激发学生对手绘的热情并提高学生的积极性。

五、教学部门如何实施本教程

本教程结合当下高等职业教育教程基本要求，全面、细致地阐述环境艺术设计手绘表现的基本理论知识，同时结合丰富的图片和手绘范图清晰地展示手绘表现的具体方法，系统地将手绘表现与设计相结合，不管是对教师还是学生都具有实际的指导意义。

教师可以依照教程单元设置安排教学内容，使教学活动有章可循，规范课时设置，丰富教学内容。学生也可通过本教程进行自主学习，依据本教程基本技法进行练习，在学习过程中争取更多的主动性。

六、教学实施的总学时设定

手绘表现作为环境艺术设计专业基础教学课程，考虑到其在日后进行设计专业教学中的实际应用，最好将本课程安排在绘画基础课程之后进行，让学生对基础课程长时间地进行加强和巩固。

建议将本课程安排在一年级下学期或二年级上学期，教学时间不少于80课时为宜，具体课时数可根据每个学校具体要求和相关部门实际情况进行调整。

七、任课教师把握的弹性空间

本教程体例构架仅为任课教师提供基本的参考和知识梳理，作为艺术设计类教程必须留有一定的弹性空间，教师可根据自身教学实践在教学过程中保持一定的灵活性，无须受课本框架约束，以追求最好的教学效果为重。

本教程任课教师把握的弹性空间体现在三个方面：

首先，环境艺术设计手绘表现课程重点在于学生的实践练习和教师指导，在手绘表现理论知识的阐述方面无须面面俱到，要力求突出重点、清晰明了地表述基础理论知识，也可在授课过程中结合教师自身实践与感悟，将理论知识融合在案例中教授于学生，不仅可活跃了课堂气氛，也增强了学生对课程的积极性。

其次，在教学方法和教学组织方式上，本课程只是提供一些基本建议，并没有做出硬性规定，因此，任课教师可以根据自己的教学思维，依据基本的教学目标和教学方向，结合多种教学方式，灵活多变地开展教学活动，引导学生主动寻求知识，而非被动接受。

最后，本教程在每个单元最后所提供的学生课后练习和相关作业仅作为任课教师的参考，教师可根据具体学生的专业方向和本校具体要求进行调整和选择性应用，以符合专业培养方向和教学目标为主要依据，力求使教学效果达到最佳。

第 1 教学单元

环境艺术设计手绘表现概述

一、环境艺术设计手绘表现的基本概念

二、手绘表现的意义与作用

三、手绘表现的发展历程

四、手绘表现的形式分类

五、绘制工具简介

六、单元教学导引

在当下信息技术发达的时代，计算机绘图在环境艺术设计领域几乎占据了主导地位，得到了迅速的发展和普及，计算机绘图的便捷性很大程度上取代了原始手绘表现的地位和作用，加之计算机绘图在设计领域以及在设计教学中的推广，使得当下很多设计师和设计专业的学生在徒手表现方面的能力普遍下降。设计手绘表现是艺术设计类学生和设计师不可或缺的一门技能，是培养学生造型能力、观察审美能力和创意思维能力的必要手段，它既是一种设计语言，又是设计的组成部分。因此，就设计领域长远发展来看，让学生掌握并熟练运用手绘表现技法在环境艺术设计教学中是十分重要的。这种第一时间的直觉表达是其他语言无法代替的，即使在当今计算机时代，也无法代替我们的大脑去思考、判断、体验。

一、环境艺术设计手绘表现的基本概念

手绘是手工绘制图案的技术手法，应用于各个行业。在环境艺术设计领域，主要是前期构思设计方案的研究性手绘和设计成果部分的表现型手绘。前期部分我们称之为草图，主要是将自己的设计思维在短时间内用简单的线条快速地表现出来。成果部分称之为表现图或者效果图，主要是将最终的设计内容具体形象地表现出来，一般花费的时间相对较长。

二、手绘表现的意义与作用

手绘表现是环境艺术设计专业的基础，是设计师对设计意图进行艺术构思与表现的第一步。设计是一个复杂的创作过程，设计师需要具备多方面的基本技能，其中手绘表现作为一项重要的基本技能得到越来越多的关注和重视。图像比单纯的语言文字更具有表现力和说明性，是最直观的图形语言，是用以反映、交流、传递设计创意的符号载体。设计师要表达设计想法就需要通过各种说明性的图示来表现对象，如草图、施工图、表现图等，尤其是色彩表现图更能充分地表现设计内容的形态、结构、色彩、质地、量感等，同时还可以表现出设计思想、形态性格、韵律等无形抽象的内容，具有自由、快速、概括的特点，手绘表现在环境艺术设计领域及其他设计领域中具有重要的意义和作用。（图1-1～图1-3）

（一）手绘表现的意义

在当下计算机时代，人们对电脑以及相关软件的应用越来越普遍，特别是在艺术设计方面，各种软件成为了学生学习的重点，很多设计类院校也大量开设设计类软件课程。现在，很多人认为只要学会了软件就可以做出任何想要的设计图，却不知道这一切的前提还是需要通过原始的手绘设计思维的训练和表达，在没有较为熟练的手绘功夫的前提下，计算机只不过是一个画图的工具而已。环境艺术手绘表达技法是以环境艺术设计思维为依据，通过手绘表现技法直观而形象地表现环境艺术设计师的构思意图和设计的最终效果，是设计师思维最直接的表达。

▲ 图1-1 岑志强 室内空间手绘表现（马克笔）

▲ 图1-2 王玉龙 马克笔手绘表现

▲ 图1-3 夏克梁 景观手绘表现（马克笔、彩色铅笔）

（二）手绘表现的作用

手绘表现是设计师的必备技能。在设计的初始阶段，设计师会将了解到的基本信息结合自己的专业知识对项目有一个大致的构想，这种构想或许是一个具体的场景，或许是一种符号，或许是稍纵即逝的灵感，在这种时候，就需要设计师通过快速表现的方式将这些构想记录下来，这样可以培养设计师在较短的时间内，通过简单、明确的线条充分表达出自己的设计理念。在环境艺术设计师思考的领域中，会采用集体思考的方式来解决问题，相互启发，提出合理的意见进行讨论，这时快速描绘技巧便成为非常重要的手段，它可以帮助我们更好地完成与同伴之间的交流，也可以更加顺畅地完成与客户之间的沟通。很多时候，我们脑中有千万种设计构想，但是很难将自己的构想通过语言传达给他人，这个时候就需要借助手绘表现在纸上进行简单的描绘、勾勒，将设计理念通过最直观的方式传达出来。

手绘表现可以培养学生和设计师的审美感知能力。手绘的目的要求我们对物体的造型结构、空间比例、动态捕捉等有直观表达，我们的设计也同样来源于此。在长期的手绘训练中，这些方面可以得到充分的提高。经过长时间的手绘训练之后，对于空间形态、结构等方面都将形成较为准确的判断，在设计中对于物体构建的尺度把握也会更加合理，对于美的理解也将逐步深化，可以说，手绘表现是一个培养综合设计技能的有效手段。

手绘表现可以直观地展示设计成果。环境艺术设计最终的设计成果主要通过效果图表现，手绘效果图表现是主要的方式之一，相对于计算机绘图，手绘表现效果图更加生动、自然，更加具备纯然的艺术气质，手绘表现的随意、自由确立了其在环境艺术设计表现中的优势和地位，好的手绘效果图可以给设计加分不少，同样，再好的设计若是最终的效果图不尽人意，那么对设计师在设计理念和设计细节上的展示都将受到影响。

三、手绘表现的发展历程

　　手绘表现最早出现在建筑领域。早在文艺复兴时期，建筑师主要通过手绘的方式来对建筑进行描绘和设计，这时的设计和绘画是融为一体的，建筑师不仅要具备良好的设计素养，同时还要具备扎实的绘画功底，经过长期的绘画训练和大量的实践，从生活中提炼而出，再经过深加工重新展示在生活里。当时的手绘风格以精准、写实为主，目的在于最准确地表现建筑的每个细节。

　　20世纪80年代，我国室内设计和景观设计行业正处在发展的初级阶段，效果图的表现手段主要以传统较为写实的水粉、水彩画为主。随着现代建筑业的不断发展，社会分工更加细化，专业化人才越来越被重视，现代的艺术家不再分饰画家、设计师、建筑师等多个角色，它需要的是精细地分工、各自发挥所长的就业模式，在西方工业化国家早已这样做了，国内这些年也出现了许多专业效果图及模型事务所，效果图表现慢慢走向专业化。到目前为止，效果图的表现形式与初级阶段相比较，在它的意义、作用和价值上都有了较大不同，现在的手绘表现图的使用空间更大了，表现的方法也更为灵活了。

　　对于现代手绘表现的理解，我们应该与当前设计领域相对应，根据表现图的特点，采取多种形式和技法，加强自身的基础训练，同时在实践中不断地累积经验，在画法上结合传统画法的扎实基础和准确结构，求同存异，并不断变化发展。（图1-4~图1-6）

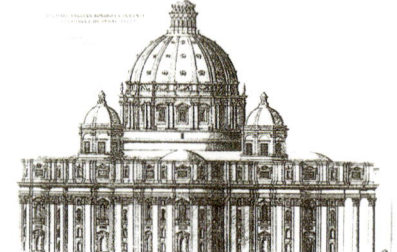

▲ 图1-4 早期的手绘建筑表现

▲ 图1-5 盖里·迈伦布鲁切 建筑效果图

▲ 图1-6 美国俄亥俄州托莱多艺术协会 酪素颜料画

四、手绘表现的形式分类

环境艺术设计专业中的手绘表现从最初的水彩、水粉时代发展到现在，已经出现了丰富多彩的表现形式，每种不同的表现形式都具备了各自的特点和优势，针对设计需求的不同以及设计师自身的风格、习惯，可以选择不同的表现形式进行效果图绘制。对于环境艺术设计的手绘表现，其形式可大致分为马克笔手绘表现、彩色铅笔手绘表现、钢笔手绘表现、水彩手绘表现以及其他手绘表现等。不同工具的使用可以给画面带来不同的效果，给人以不一样的视觉感受，各种工具也可以搭配使用，画面效果会更加丰富。

（一）马克笔手绘表现

马克笔在环境艺术设计手绘表现中最为常见，因马克笔自身着色便捷、色彩通透、方便携带、快干等特性和优势，近些年多被用来作为主要表现工具，也是初学手绘者必备的工具。马克笔主要用于辅助表达设计示意图、快速记录设计师的瞬间思维，同时还可以进行效果图的表现，在画面需要深入刻画时同样可以利用马克笔来完成。马克笔既能表现出轻松、淡雅的风格，又可以表现出浓重、艳丽的风格。（图1-7～图1-9）

▲图1-7 王玉龙 废弃车手绘表现（马克笔）

▲图1-8 曾海鹰 景观手绘表现（马克笔）

▶图1-9 沙沛 景观手绘表现（马克笔）

▲ 图1-10 王少斌 室内空间手绘表现（彩色铅笔）

（二）彩色铅笔手绘表现

　　彩色铅笔是马克笔最好的辅助工具之一，可单独使用，使用起来比较便捷，用法较单一，容易掌握。其画面风格多以轻松、闲适为主，根据其使用力度以及深入程度的不同，亦可表现色彩种类多、细节丰富的效果图。（图1-10～图1-12）

▲ 图1-11 谢尘 景观手绘表现（彩色铅笔）

（三）钢笔手绘表现

钢笔画属于一个独立的画种，是一种具有独特美感且十分有趣的绘画形式，其特点是线条刚劲流畅，黑白对比强烈，画面效果疏密有致，概括能力强，下笔不易修改，要画出较完美的作品需要具备扎实的速写功底。钢笔画不仅可以进行环境艺术设计的效果图表现，对于肖像、静物、风景等题材也可以很好地诠释。（图1-13～图1-15）

▲图1-12 谢尘 建筑手绘表现（彩色铅笔）

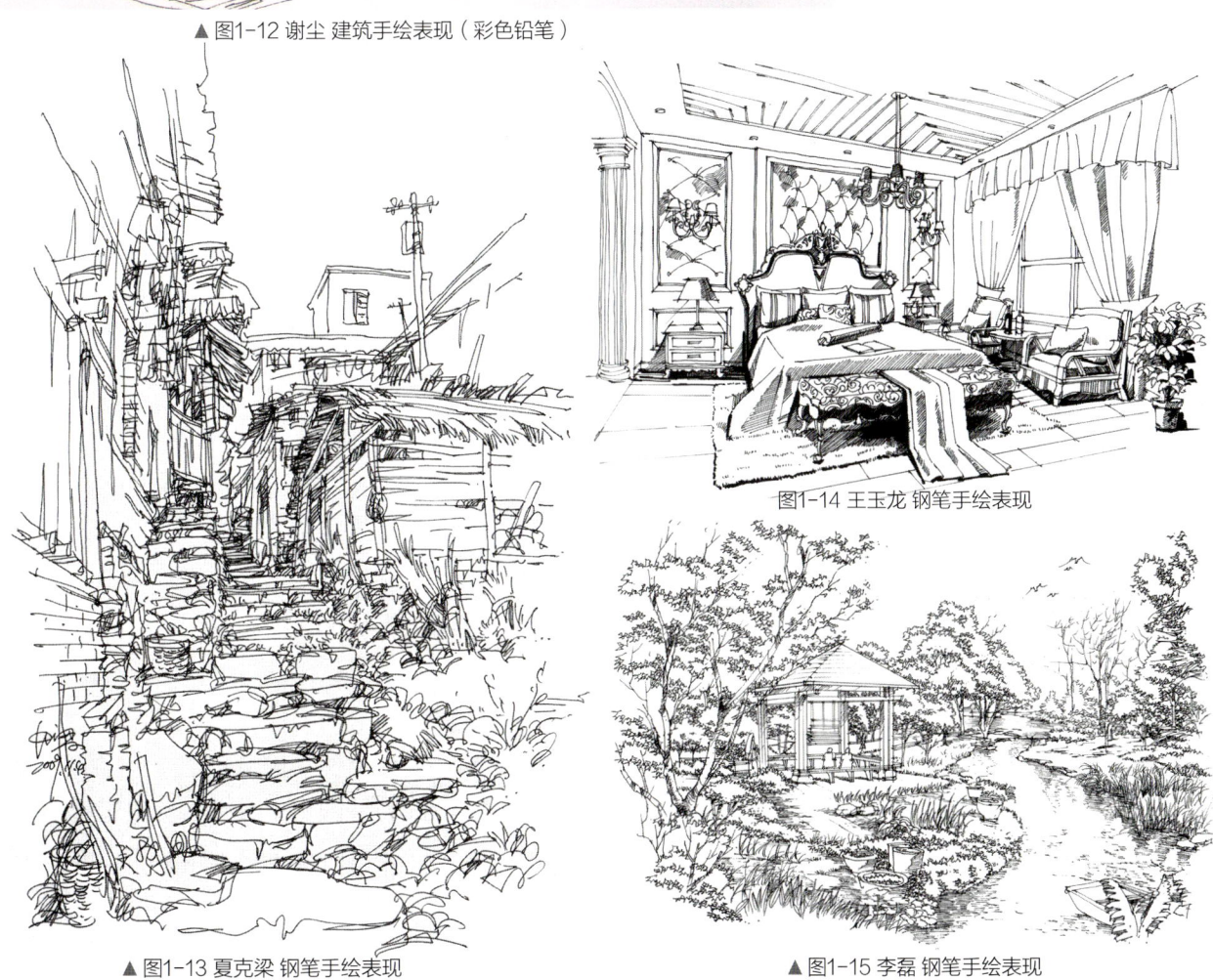

图1-14 王玉龙 钢笔手绘表现

▲图1-13 夏克梁 钢笔手绘表现

▲图1-15 李磊 钢笔手绘表现

（四）水彩手绘表现

水彩按照特性一般分为两类：透明水彩和不透明水彩。

透明水彩就是通常意义上我们说的水彩，水彩画由于其通透、淡雅的特性，色彩鲜艳度虽不如马克笔强烈，但是其色调古雅，它特有的色彩与水相溶的效果，使它具有很强的表现力。（图1-16～图1-18）

▲ 图1-16 周志博 景观手绘表现（水彩）

▲ 图1-17 达尔·赛德哈尔 水彩手绘表现

不透明水彩就是水粉，也叫作广告色，其特性为粉质比较浓厚，不像水彩那样透明度高，可以透出下面的颜色，其覆盖力强，画面表现效果厚重、强烈。

（五）其他手绘表现

在当下计算机技术发达的时代，计算机绘图的运用也越来越广泛。相应的软件模拟了真实手绘的各种效果，同时又具备了真实手绘不具备的便捷性、可更改性、可重复性等多种优势，在已经具备了一定的手绘基础的前提下可以尝试用计算机绘制效果图。但计算机模拟效果图始终不及真实手绘显得生动、逼真，两者各有利弊，可根据自己实际需要进行相应的选择。（图1-19、图1-20）

▲ 图1-18 刘晓东 建筑手绘表现（水彩）

▲ 图1-19 黄忠 景观手绘表现（手绘板）

手绘表现不会受其工具制约，多种工具搭配使用反而可以绘制出画面更加丰富的效果图。上述几种手绘表现形式可搭配运用，最为常见的有马克笔与彩色铅笔搭配、水彩与彩色铅笔搭配、钢笔与水彩搭配、实际手绘与计算机手绘相搭配等，工具的合理选择与搭配运用不仅可以使画面更加丰富，还可以起到事半功倍的效果，提高作画的效率。（图1-21～图1-23）

▲ 图1-20 王玉龙 景观场景手绘表现（鼠绘）

▲ 图1-22 王少斌 室内空间效果图手绘表现（马克笔、彩色铅笔）

第一教学单元 环境艺术设计手绘表现概述 | 15

◀ 图1-21 王玉龙 绘制一根柱子并通过电脑复制营造柱阵，利用人物和植物营造纵深感，从而达到理想的景观效果。

◀ 图1-23 王玉龙 线稿为手绘，后期为电脑上色。

五、绘制工具简介

学习手绘之前，需要熟练掌握各种工具的使用，对于初学者来说，手绘工具的多样既给作画表现带来了便捷，也带来了选择上的困扰。不同的手绘工具在特点和用法上有着较大的差别，每个人对工具的熟识程度以及偏好都有所不同，因此，这就需要我们在作画时根据画面的实际需要来有针对性地选择工具。在此之前，对工具有一个充分、全面的了解尤为重要。（图1-24）

下面就针对环境艺术设计手绘表现时五类常用工具的特性和用法作一个详细的介绍。

（一）钢笔

钢笔包括普通钢笔、针管笔、签字笔、中性笔等，主要用于线条的表现，根据笔尖粗细和硬度的不同可以表现出不同风格的线条。钢笔技法有很多种，既可以用线条表现，又可以表现明暗调子，也可以采用像中国画"白描"那样的表现方法。对于比较复杂的场景，可以用针管笔或签字笔来表现，其表现效果更为清晰、明确，也为后期补色留下空间。

市面上钢笔、针管笔等适合手绘勾线的笔种类繁多，初学者可挑选不同粗细的笔进行试用。一般情况下，中等粗细的笔（0.2mm～0.5mm）用得较多，极粗和极细的笔用得相对较少，当然，也要根据自己的习惯和画面需求进行选购。（图1-25～图1-27）

（二）马克笔

马克笔根据笔芯中颜料特性的不同，可以将其分为酒精马克笔、油性马克笔和水性马克笔三类。

酒精马克笔的使用人群最多，最为常见。其笔芯采用酒精性墨水，使用时会散发清淡的气味，色彩透明度较高，笔触衔接、叠加较为柔和，速干防水，使用起来接近油性马克笔。（图1-28）

现在使用油性马克笔的人较少，多被酒精马克笔所取代，因其味道刺鼻，蒸发性强，笔尖填充剂容易挥发，易造成笔的浪费。其特点为笔触极易融合，渗透性强，色彩均匀，干燥速度快，耐水性较强。

▲图1-24 常用手绘工具

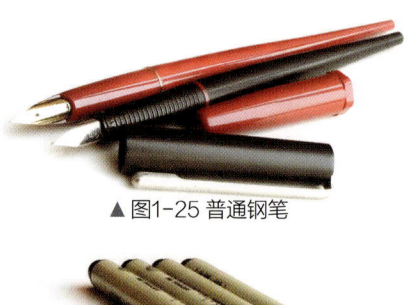

▲图1-25 普通钢笔

▲图1-26 不同粗细的针管笔

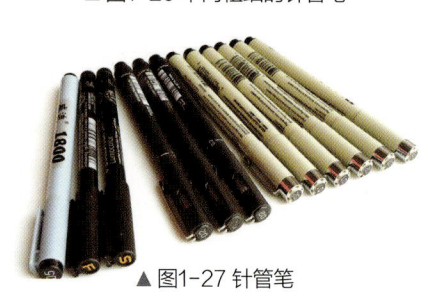

▲图1-27 针管笔

第一教学单元 环境艺术设计手绘表现概述

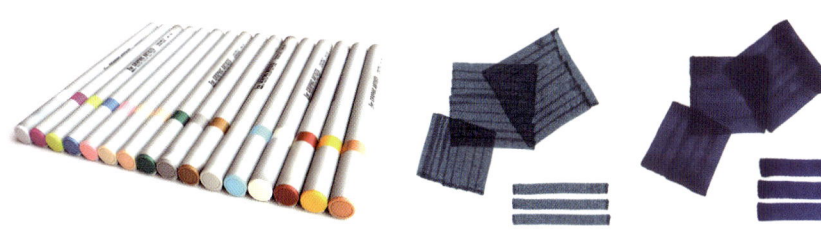

▲ 图1-28 各种各样的马克笔

▲ 图1-29 水性马克笔

▲ 图1-30 水性马克笔与酒精马克笔的笔触对比

水性马克笔的性能与水彩颜料相近，颜色亮丽、透明感好、不防水，且有较强的表现力。作画时一般由浅至深，颜色不宜过多涂改、叠加，否则会导致色彩浑浊、变脏。（图1-29、图1-30）

酒精马克笔、油性马克笔和水性马克笔其共同特性主要表现在色彩艳丽、透明度高、易干、色彩重叠的次数过多就容易变脏、着色后不易修改，在作画时要注意先亮后暗、由浅至深的顺序。（图1-31）

在购买马克笔之前，需要对不同品牌的马克笔的特性有一定了解，同时还要根据自己的色彩使用习惯、掌握程度、经济条件以及作画需要进行选购。马克笔从几元到几十元不等，价格的差异主要体现在马克笔的耐用程度、颜色稳定性等方面，在选购时可多种品牌混合购买，以增加颜色的丰富程度。灰色系列尽量准备齐全一些，因为灰色的画面比较容易掌握，且高雅脱俗、经久耐看，也可以使画面显得更加细腻。灰色总体分为冷灰系列和暖灰系列两大类，两类都应进行选购，以便根据画面总体色调进行使用，对于鲜艳的颜色，适当选用几种常用色即可。作为专业的表现，颜色选择需要五十种以上，颜色越多，画面色彩表现越自然、越丰富。还要注意景观表现时绿色系列一定要齐全。

（三）彩色铅笔

彩色铅笔的使用一般是配合马克笔、水彩等表现的居多，也可单独使用，其特点是便于携带、颜色淡雅自然、颜色种类多，与水性、油性马克笔都能很好地融合，并且通过改变用笔的力度、进行颜色的相互叠加，可以产生更加丰富多变的色彩。彩色铅笔不仅能弥补马克笔数量的不足而无法对某些色彩进行描绘的缺憾，还能够弥补马克笔在色彩、明暗的退晕处理和较大面积的着色上的不足，对画面的整体调整有很大的帮助。

在进行彩色铅笔选购时，应以水溶性彩色铅笔为主，因其质地比普通彩色铅笔软，更容易着色，同时还可以用清水涂抹、柔化笔触、淡化色彩。（图1-32）

（四）绘图纸张

可用于手绘表现的纸张种类有很多，了解不同纸张的特性和种类对于作画者来说也尤为重要。不同作画工具在不同纸张上作画，表现出的色彩鲜艳程度、明暗程度、笔触变化等方面也会有所不同。常用于手绘表现的有马克笔专用纸、硫酸纸、复印纸、速写本、有色纸等。（图1-33）

▲ 图1-31 酒精马克笔

▲ 图1-32 水溶性彩色铅笔

▲ 图1-33 各种绘图纸张

1.马克笔专用纸

马克笔专用纸是专门针对马克笔的特性而设计的绘图用纸，它的特点是纸面较为光滑，纸质细腻且较厚不易渗透，两面均可作画，对马克笔的色彩还原度较好。

2.硫酸纸

硫酸纸是环境艺术设计手绘表现中常用到的纸张，其特点是表面光滑，质地透明，可以用于线稿拷贝，也可以直接用马克笔进行上色。马克笔的颜色在硫酸纸上呈现比原色稍浅，透明度极高，色彩效果明亮剔透。但硫酸纸耐水性差，沾水容易起皱。（图1-34）

3.复印纸

复印纸可作为平日练习的主要用纸，它的特点是价格便宜，纸面较为光滑，呈半透明状，有一定的吸水性和耐水性，对于马克笔的色彩呈现度与原色基本相同。但复印纸比较薄，用马克笔作画时容易渗透纸面。

4.速写本

纸质光滑的速写本比较适合马克笔作画，纸面韧性强，便于反复涂画；纸质粗糙、纹理明显的速

▲ 图1-34 马晓晨 景观效果图手绘表现（硫酸纸、马克笔）

写本适于铅笔速写或彩色铅笔作画，便于铅笔或彩色铅笔着色；水彩专业速写本纸质较厚，吸水性强，适于水彩作画。

5.有色纸

有色纸是一种较为便捷的作画纸张，因其表面有统一的色调，在作画时可以降低色彩的把控难度，只需将画面的暗部和亮部稍加处理，即可营造出很好的画面效果。为配合手绘表现的需求，在选择有色纸时应以灰色调为主，以给人高雅的感觉，尽量不要选用颜色过于鲜艳的纸张作画。（图1-35）

（五）其他辅助工具

在进行手绘表现时，除了一些必备的手绘工具，还有一些辅助工具可以帮助我们更好地处理画面，增强画面的表现力，形成更加完美的效果。辅助工具主要有铅笔、水彩、涂改液、水粉、留白胶等。

1.铅笔

铅笔作为初学者必备的工具，主要用于作画前期起稿。在表现一些较复杂的画面时，可以先用铅笔将画面大的透视关系、整体关系勾勒出来，以便下一步钢笔线稿可以表现得更加准确，降低出错率。（图1-36）

2.水彩

目前手绘表现的形式对于水彩的利用相对较少，所以它不作为主要的作画工具。但水彩可配合马克笔或彩色铅笔使用，用于大面积单色的着色与颜色的晕染。

3.涂改液、水粉

涂改液和水粉的共同特点在于都有着极强的覆盖力，因此在马克笔表现不理想时可以用涂改液或水粉进行相应的修改和覆盖，还有助于表现局部的高光和亮面等。

4.留白胶

留白胶又叫作遮盖液，多用作画水彩的辅助工具，因马克笔与水彩性能相近，也可借用到马克笔画中。留白胶特别适用于预留各种辅助及不规则的图形，在精细作画时是极好的辅助工具。（图1-37）

▲ 图1-35 王玉龙 古建筑手绘表现（牛皮纸、马克笔、彩色铅笔）

▲ 图1-36 铅笔

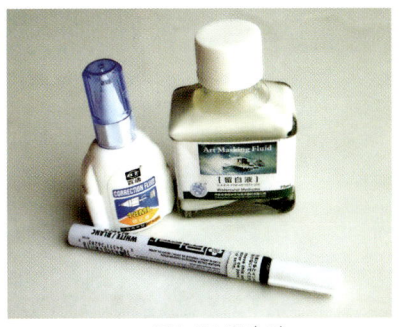

▲ 图1-37 留白胶

六、单元教学导引

目标

本单元的教学目标在于使学生从理论层面了解环境艺术设计手绘表现的基本概念，了解手绘表现的发展历程，从而更加深刻地意识到手绘表现在环境艺术设计体系中的重要性和不可取代的作用，激发学生对手绘表现的兴趣，进而让学生对手绘表现形式和手绘表现的绘制工具也有一个大致的了解。

要求

任课教师在教学过程中，应根据本单元的教学框架，系统地进行理论讲授，并且通过大量的图片结合理论知识将手绘表现的概念、意义、作用等知识生动形象地阐述明白，使学生在一个轻松的状态下了解手绘表现。

重点

本单元的重点就是让学生尽可能多方面、多角度地了解手绘表现。手绘表现是一种可用于多个领域的表现技法，在环境艺术设计中的应用十分广泛，表现形式也多种多样。具体技法的应用会在后面的学习中讲述，在本单元只需稍作提点。清楚介绍手绘表现绘制工具的特性，让学生为后面进一步的学习做好准备。

注意事项提示

手绘表现的最初学习主要是调动学生对手绘表现的积极性。理论层面的知识相对较好理解，因而在授课过程中教师应多收集国内外各个时期的有关于环境艺术设计手绘表现的图片，通过图片使学生对此产生浓厚的兴趣，在授课时创造轻松愉快的教学氛围。

小结要点

学生第一次接触环境艺术设计手绘表现课程后有怎样的憧憬？能否理解手绘表现的意义与作用？是否对手绘表现产生兴趣，在哪些方面兴趣较大？能否积极准备自己接下来的实践课程？结合课堂讨论和作业练习指出不足与努力的方向，并根据学生的信息回馈适当调整自己的授课方式和状态。

为学生提供的思考题：
1. 何为手绘表现？
2. 手绘表现主要涉及哪些方面？
3. 手绘表现在环境艺术设计中的意义和作用分别是什么？
4. 手绘表现发端于何时？
5. 环境艺术手绘表现的形式有哪些？
6. 你最喜欢哪种手绘表现形式，为什么？

学生课余时间的练习题：
就对手绘表现的初步认识写一点心得体会。

为学生提供的本教学单元参考书目
岑志强编著.设计手绘表现与实例[M].南昌：江西美术出版社，2011年

单元作业命题：
在环境艺术设计领域，你觉得哪种手绘形式更适合表现？请收集相关资料，做成文本，附图并作文字点评。

作业命题缘由：
在本单元的学习中，学生对于手绘表现有了初步的认识和了解，但仅仅限于老师的口头讲述，没有结合实际思考手绘表现的实用性和限制因素，而且也缺少对知识吸收情况的反馈，因此学生应根据教师所讲内容结合自己对手绘表现的理解，思考手绘表现在环境艺术设计领域的利弊，也为今后的学习指引方向。

命题作业的具体要求：
1. 选择类型不限，请深入阐述原因。
2. 图文配合，选用质量好、精度高的图片。文字必须经过整理和归纳。
3. 多谈一些自己的体会和心得。

命题作业的实施方式：
将文稿装订成册上交。

作业的制作要求：
注重版式的编辑排列，尽量做到精美、简明。

第 2 教学单元

环境艺术设计手绘表现的基本方法

一、应具备的相关基本能力

二、手绘效果图表现的基础训练

三、环境艺术设计手绘表现的基本要素

四、单元教学导引

手绘表现是一种结合多种技能的表现形式，针对环境艺术设计这一领域，是集绘画艺术与设计思维于一体的综合艺术。它是一种专业应用于设计领域的绘画形式，不同于一般的绘画作品，也就是说画面除了要具有一定的艺术性，还要具有专业性、真实性、科学性等特点。这就要求设计者具备多方面的基本技能，方可游刃有余地利用手绘表现更好地诠释设计，在对手绘表现的基本概念、意义与作用、发展历程、形式分类、绘制工具有了总体的了解之后，接下来就要依据具体的手绘表现方法来进行初步练习。

2 一、应具备的相关基本能力

手绘表现既是一种设计技能也是一种绘画技能，因此在具备一定的设计技能的前提下，还需要具备一定绘画方面的基本技能，两者相结合才能让手绘表现真正为我所用，主要归结为透视基础、造型基础和色彩表现能力三个方面。

（一）透视基础

在进行建筑景观表现、室内空间表现和日常写生时，都需要依据透视来表现画面的真实性和空间感。若透视不准确，即使画面的主题、色彩和线条很完美，画面也会给人变形、失真、缺少空间感等视觉感受，就不能被称之为一幅成功的作品，因此，掌握基本的透视规律是手绘表现的基础和前提。

透视是一种把立体三维空间的形象表现在二维平面上的绘画方法，使观看的人对平面的画产生立体的感觉，就如同透过一块透明玻璃平面看立体的景物。现在通过把三维景观二维平面描绘，得到近大远小、具有立体感的图像称为透视，实际上这是一种视觉错误，透视是依据视觉的几何学和光学规律，来确定景物的大小、远近等关系，具有科学性。在手绘表现中，透视是造就整个画面立体感的重要因素，它直接影响到整个空间的比例尺寸及纵深感。在环境艺术设计手绘表现中，我们常用到的透视方法主要有一点透视（即平行透视）、两点透视（即成角透视）、三点透视（即仰视或俯视）三种。不同的透视所形成的画面效果各有差异，作者应根据画面的需要来选择适当的透视进行描绘。

1.一点透视

假设一个立方体放置于一个基面上，它的长、宽、高三组主要方向的轮廓线中有两组平行于画面，第三组垂直于画面，且水平棱边均消失在一个点上，这时产生的透视为一点透视，在此情况下，物体就有一个方向的立面平行于画面，故又称平行透视。

一点透视是最基本、最常用的透视方法，其特点是表现范围较广，画面平稳，纵深感强，可以一览无余地表现较大的场景，对于初学者来说比较好掌握。但是一点透视也有其弊端，画面显得呆板、单一，缺乏变化，与真实效果有一定差距。（图2-1）

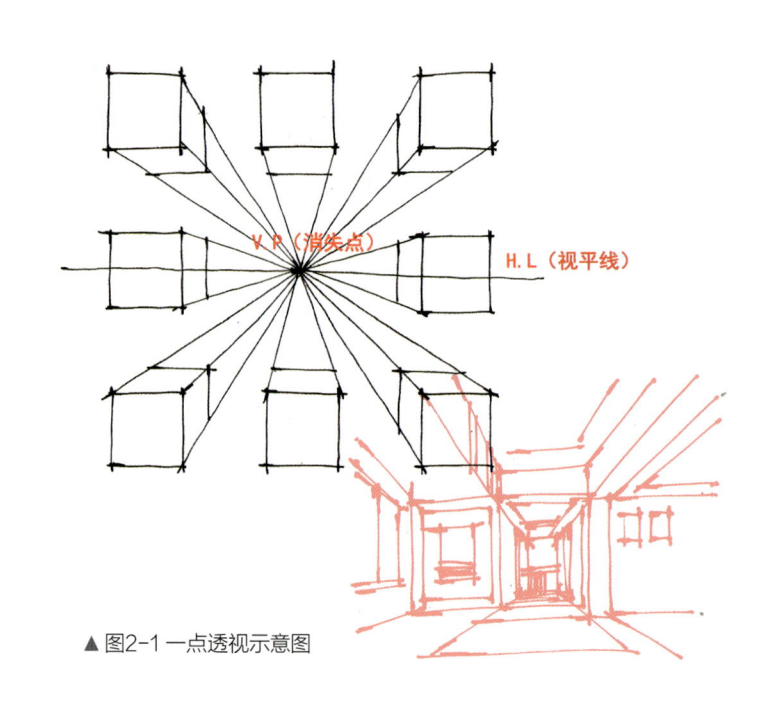

▲图2-1 一点透视示意图

【一点透视运用技巧】

运用一点透视的画面具有稳重、空间感强、纵深感强的特点，因此比较适合表现大型会议室、礼堂、政府大楼、纪念馆等庄重、大气的场所或空间。在运用过程中需要注意的是视平线的高度，视平线一般设在画面由下往上三分之一处，这种视线的画面稳重、自然，给人以亲切，仿佛身临其境之感。若要表现室内场景，可以将视平线的位置适当上下移动，在地面摆设复杂、顶面布置简单时，可将视平线向上移动，反之，则向下移动。（图2-2、图2-3）

2.两点透视

假设一个立方体放置在基面上，它的长、宽、高三组主要方向的轮廓线中有两组均不平行于画面，第三组平行于画面，且各水平棱边分别消失在两个消失点上，这时所产生的透视现象称为两点透视。在此情况下，建筑物的两个立角均与画面成倾斜角度，故又称成角透视。

两点透视是一种有着较强表现力的透视方法，其特点是画面较为生动、活泼，具有真实感，是常用的透视类型。两点透视也有其弊端，若是消失点的位置选择不当，会造成透视变形、画面失真。（图2-4）

▲ 图2-2 王少斌 一点透视在室内空间手绘表现中的应用

▲ 图2-3 王玉龙 一点透视在景观手绘表现中的应用

▲ 图2-4 两点透视示意图

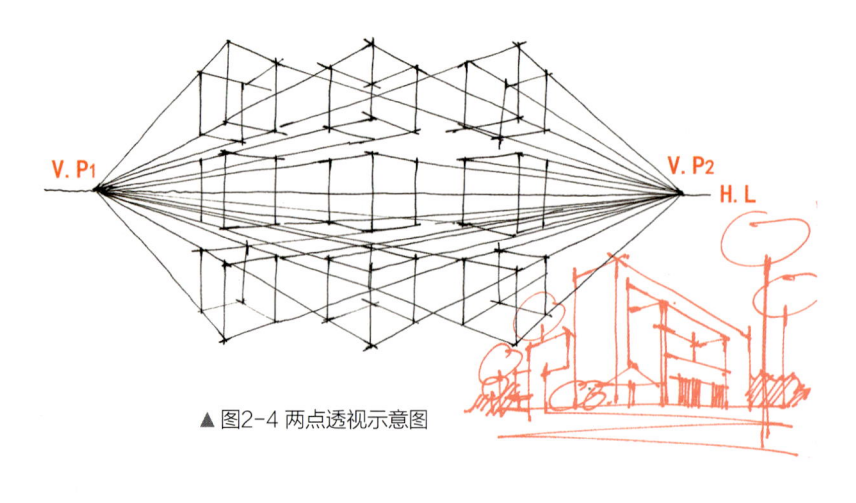

▲ 图2-5 王少斌 两点透视在室内空间手绘表现中的应用

▲ 图2-6 杨健 两点透视在建筑手绘表现中的应用

【两点透视运用技巧】

两点透视比较适合表现立方体的正、侧两个面，可以较为全面地诠释一个空间关系；利用明暗对比关系可以很好地表现物体的体量感；也可用来表现景观空间、室内局部空间、家具造型等，可以使画面效果灵活生动、富有情趣。（图2-5、图2-6）

3.三点透视

假设一个立方体放置在基面上，它的长、宽、高三组主要方向的轮廓线均倾斜于画面（既不平行，也不垂直），且三组棱边均与画面成一定角度，分别消失于三个消失点上，这时所产生的透视现象称为三点透视。（图2-7）

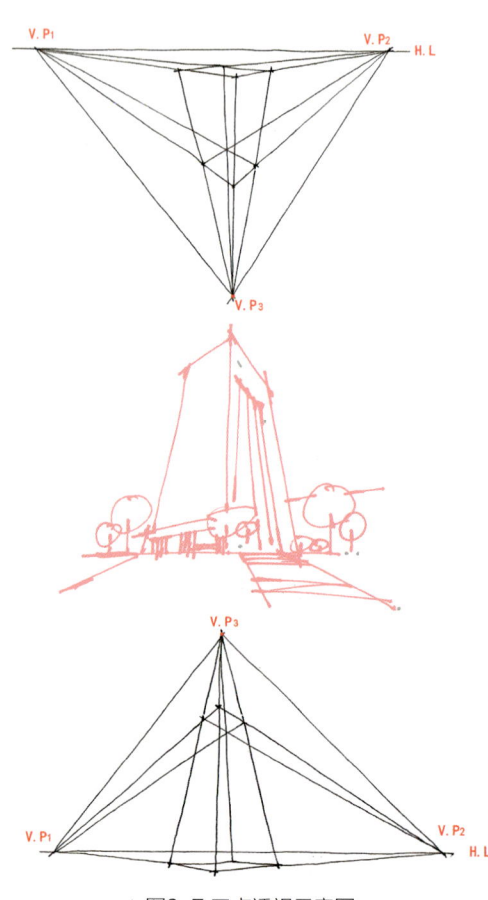

▲ 图2-7 三点透视示意图

【三点透视运用技巧】

三点透视在室内空间和景观绘制中运用较少，一般用于高层建筑，表现建筑俯视图或仰视图，特别适合表现高大的建筑和鸟瞰下的规模宏大的城市规划、建筑群和住宅小区等。在绘制高大建筑时，视平线可以设得低一点，以突出建筑的高大雄伟，增强其透视效果。（图2-8、图2-9）

（二）造型基础

一切绘画的基础都要从造型训练开始，手绘表现也必须要具备一定的造型塑造能力。造型的训练主要是从素描开始的。学习素描可以了解和掌握造型艺术的特点及基本规律，培养正确的思维方法和观察能力。绘制一张完整的手绘表现图，其基本的形象、空间、明暗和体量感都需要用素描基础来解决。

素描是造型艺术的基础，它着重解决物体形态的表现和场景空间的塑造问题。素描强调画面的整体性、空间感、明暗关系等，通过素描的基础训练，可以解决画面的构图、整体关系、体积感的塑造、空间感的塑造等一系列问题。将素描的原理运用到手绘表现中，可以更加从容地控制画面的整体关系。对

▲图2-8 曾海鹰 三点透视在建筑手绘表现中的应用

▲图2-9 夏克梁 三点透视在建筑手绘表现中的应用

于初学者来说，其最大地帮助是在二维的平面中塑造三维的立体效果，让画面呈现出形式美感、空间感和体积感，也为观察者提供良好的观看角度，以便对其设计的空间效果有更好的理解。（图2-10）

（三）色彩表现能力

色彩作为视觉语言最外在的一种表现元素，对画面的叙述、表达等都有一定的影响，是人们最容易感受到的一种形式美感，能使人产生相应的心理效应。在手绘表现中，主要是通过色彩来进行叙述，画面中的氛围渲染很大程度取决于色彩的表现，因此，色彩的基础知识和基本运用是手绘初学者必须掌握的。

学习色彩，首先要了解色彩的三要素：色相、明度和

▲图2-10 王玉龙 造型基础练习

纯度，在此基础上才能灵活地运用色彩来表现物体、塑造空间。

1.色相

色相就是色彩所呈现的面貌，也就是我们肉眼看到的红色、黄色、绿色等不同的颜色。色相是由光的波长所决定的，波长最长的是红色，最短的是紫色。把红、橙、黄、绿、蓝、紫和处在它们各自之间的红橙、黄橙、黄绿、蓝绿、蓝紫、红紫这六种中间色，共计12种色作为色环，在色环上排列的色是纯度高的色，称为纯色；在色环上相邻的色属于同类色；与环中心对称，并在180°的位置两端的色被称为互补色。每相邻的两个色中间还可以再分出差别细微的多种色来。（图2-11）

2.明度

色彩所具有的亮度和暗度被称为明度。计算明度的基准是灰度测试卡：黑色为0，白色为10，在0和10之间等间隔排列着9个阶段。作为色彩，每种色各自的亮度、暗度值在灰度测试卡上都具有相应的位置。彩度对明度有很大的影响，彩度高的色不太容易辨别。在明亮的地方鉴别色彩的明度比较容易，在暗的地方就难以辨别。（图2-12）

▲图2-11 色环

▲图2-12 明度色标

▲图2-13 纯度色标

3.纯度

纯度就是色彩的饱和程度。用数值表示色彩的鲜艳或鲜明的程度称为彩度，有彩色的各种色都具有彩度值，无彩色的色的彩度值为0。对于彩色，色的彩度（纯度）的高低，是根据这种色中含灰色的多少来计算的。彩度由于色相的不同而不同，即使是相同的色相，因为明度的不同，彩度也是会随之变化。（图2-13）

色彩的合理运用是画面呈现出真实感的一个重要原因。通过色彩的表现训练，一方面可以培养学生组合搭配各种颜色的能力，包括同类色的组合、对比色的组合，使学生能够利用色彩的基本原理表现出景观空间、室内空间、建筑的固有色、环境色以及光源色，并且能够运用颜色的搭配来丰富画面效果、渲染环境氛围、表现个人情感，在色彩上做到搭配合理、和谐雅致；另一方面，可以通过色彩表现物体或空间的明暗关系，处理画面整体色调，突出画面主体和主题，将空间中的前后关系、主次关系通过色彩表现明了。

在进行画面色彩处理时，一定要做到既统一又富有变化，这常常是通过比较色彩在画面中的明度、纯度及所占面积来进行调整的。（图2-14）

▲图2-14 王玉龙 色彩平面构成（水粉）可通过进行色彩平面构成的练习增强对颜色的敏感度，以便在马克笔手绘中能够更好地搭配和使用颜色。

二、手绘效果图表现的基础训练

手绘表现技法作为一种艺术表现形式，是在平面上绘制符号，以形成一种概念化的工具。手绘的绘画形式和表现方法种类繁多，但是对本质对象的绘画与深入往往都是通过最基本的办法展开，遵循一定的基本原则和方法来处理画面。

在学习手绘表现的过程中，初学者往往容易急于求成，存在急功近利的心态，渴望迅速收到效果，只想通过某一种方法或秘诀在短时间内达到质的飞跃，这是不现实的。要完成一张完整、丰富的手绘效果图，其过程是循序渐进的，前期需要从最基本的钢笔线条练习开始，其后的每一步都是逐步递进的，都需在前一步基础上方可进行。因此，在学习期间要具备良好的心态和稳扎稳打的学习态度，依靠长期坚持不懈的训练，面对每一次练习都需要足够的细心和耐心，才能把复杂的表现凝练在画面中。

（一）线条与笔触的表现

手绘效果图表现特别是设计快速表现画法，是在钢笔线稿的基础上上色而成的，钢笔线稿的好坏直接影响到最终效果图的好坏。灵活多变的线条和笔触是构成手绘效果图的基本单位，具有强大的概括力和细节刻画力，通过点以及长短、粗细、曲直等徒手线条的组合和叠加，可以表现我们所绘制效果图中的形体轮廓、空间体积，甚至包括光影变幻和不同材料的质感等，是极富魅力和变化的造型元素，是最初阶段练习的核心内容。因此，手绘效果图表现的首要任务就是熟悉基本的线条、笔触表现形式，下笔时果断大胆，尽量一气呵成。在练习时应认真画好每根线条，仔细揣摩每根线条在画面中所起到的作用。

钢笔画本身就是一种独立的画种，因此线条在形式变化方面有各种不同的表现技法，线条在画面中的不同运用和组合，可以反映出不同表现形式的画面效果。技法是画者对对象的认识和理解转化为具有美感的艺术形象的手段，不同表现技法所组成的画面具有不同的艺术效果。（图2-15）

1.线描式画法

线描式的钢笔线稿类似国画中的白描，是绘画造型艺术中最基本的表现手段之一。它的特点是表现的对象轮廓清晰、线条明确。这要求画者在作画时不受光影的干扰，

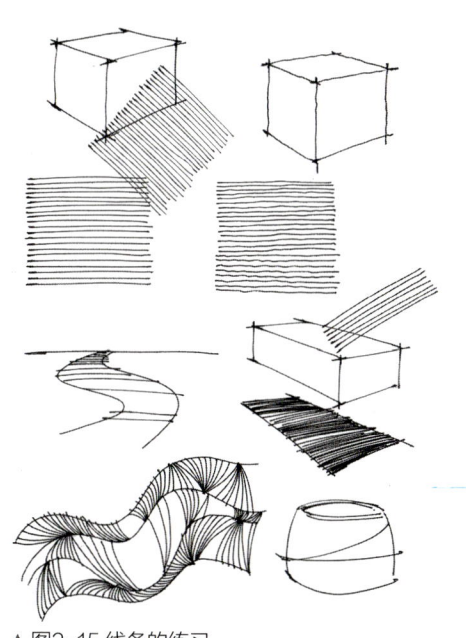

▲图2-15 线条的练习
在练习时需熟练掌握不同线条的表现手法，直线、曲线等不同方向的线条都应多加练习，以增强对线的控制能力。

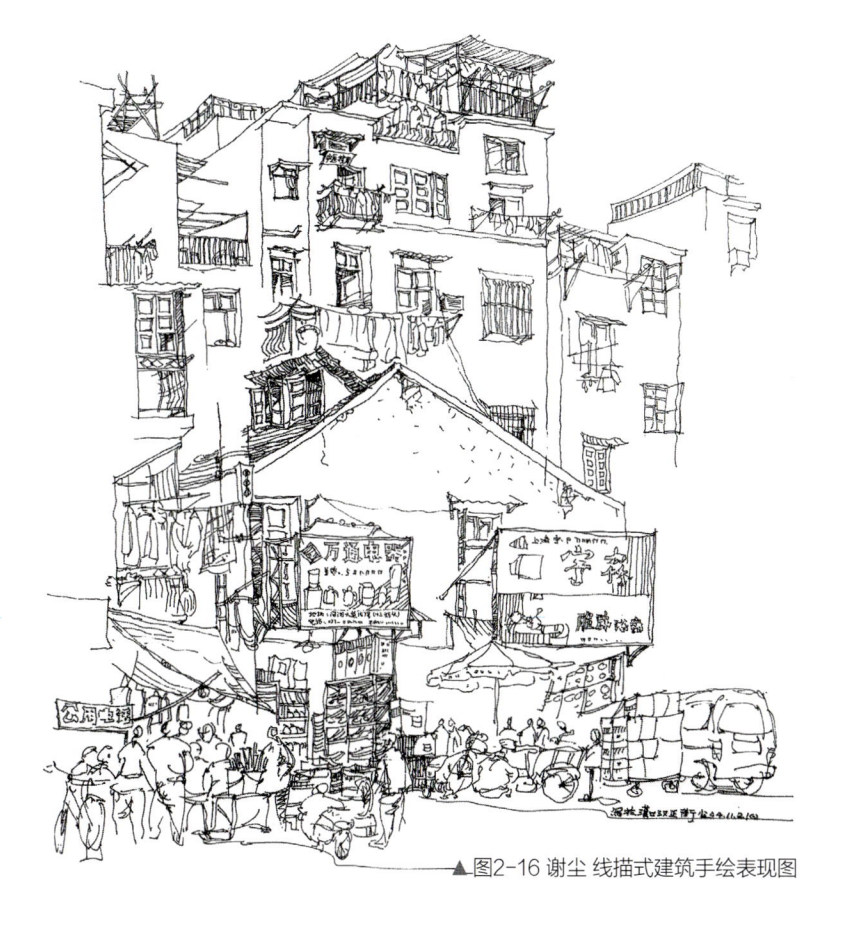

▲图2-16 谢尘 线描式建筑手绘表现图

排除物象的明暗阴影变化，通过对客观物体作具体的分析，准确抓住对象的基本组织结构，从中提炼出用于表现画面的线条。这些线条以表现物体的轮廓、面的转折及细部的结构线为主，建筑的空间关系可以通过线的浓淡和疏密组合及透视关系来表现。根据线的粗细和用力的不同，线描式又可分为三种表现形式。（图2-16）

（1）用粗细相同的线条描绘内外轮廓及结构线

此画法用笔均匀，线条的粗细从始至终保持一致，依靠线条的抑扬顿挫来界定物体的形象与结构，是一种高度概括的抽象手法。这种画法有一定难度，容易使画面显得凌乱或是过于平均，要注意通过线条在画面中的合理组织与穿插对比来表现画面的空间关系。

（2）用粗细线条相结合的方式来表现

粗线用于表现物体的主要轮廓线和结构线，细线则主要用于表现画面的细节和肌理，从而使画面层次分明。这种表现方法整体感较强，画面的空间层次也比较分明，缺点是画面容易显得呆板。

（3）用粗细、轻重、虚实相结合的线条在同一画面中穿插组合

这种画法需要画者根据自己对画面的理解和概括、根据空间的主次和前后关系以及画面处理的需要来选择不同的线条组合，这样的画面显得生动、灵活，富有变化，但是线条的粗细、轻重若是搭配不当，也会导致画面平均与分散，无主次关系。

线描式画法是马克笔手绘表现中最常用的方法，适于后期马克笔上色，但是对颜色表现的要求相对较高。

2.明暗式画法

明暗式画法就是运用丰富的明暗调子来表现在光作用下物体的明暗关系，这是理解画面中物体的空间关系和结构关系的有效方法。明暗画法主要是利用疏密程度不同的线条排列和交叉组合来表现物体的阴暗面，主要以面的形式来表现物体的空间形体。这种画法具有较强的表现力，空间感及体积感强，容易做到画面重点突出、层次分明。通过明暗式画法的练习，可以加强对物体形体的理解和认识，培养对物体的空间关系、虚实关系及光影变化的理解表现能力。后期配合简洁的马克笔着色，可更加突出画面主体，亦可单独成为一张画作。（图2-17）

3.综合式画法

综合式画法又叫作线面结合式画法，就是上述两种方法相结合，在物体的主要轮廓线和结构转折处用单线表现，其中适当地、有选择地、概括地施以简单的明暗色调，画面或偏于线条表现，或偏于明暗表现。这种画法可以强化明暗的两级变化，去除无关紧要的中间层次，容易刻画、强调某一物体或空间关系，又可保留线条的韵味，突出画面的主体，配合马克笔上色，效果深入且自然，有很强的视觉表现力。（图2-18）

▲图2-17 夏克梁 建筑手绘表现图（钢笔）

▲图2-18 王玉龙 千户苗寨写生手绘表现图

▲ 图2-19 王玉龙 建筑手绘草图（钢笔）

4.草图式画法

草图式画法类似于我们通常所说的钢笔速写，其基本特征是以一种快速表达方式记录描绘空间的意象。草图式画法是基础训练的重要环节，可以在较短的时间内，简明扼要地把握物体的形体特征与空间氛围。其用笔随意、自然，画面的线条显得轻松且不明确，物体的形体一般用多根线条组合予以限定。这种画法往往无法表现具体的细节，而只能体现设计的意象和空间氛围。通过草图式画法的训练，可以锻炼学生敏锐的观察力和在短时间内准确、迅速地描绘对象的能力，有助于设计过程中构思的顺利表达。（图2-19）

（二）色彩的表现

当下手绘表现的主要着色工具是马克笔，因此在色彩练习方面主要针对马克笔的特性进行讲解。酒精马克笔具有速干、颜色多样、色彩均匀、渗透性强等特性，这些特性在绘制过程中给画者带来了许多便利，但也有着自身的局限性。想要熟练掌握并灵活地运用马克笔来进行绘制，需遵循一定的练习方法和步骤，从简单到复杂，循序渐进。在熟悉掌握马克笔的用色和笔触的律动后，经过大量临摹练习和写生训练，会逐步形成自己的风格和用色习惯，从而就可以对室内空间、景观空间以及建筑方面的表现应对自如。

1.马克笔线条、笔触

马克笔笔触较生硬，加上色彩艳丽、不易修改，初学者在练习之初通常会无从下手或下笔笔触扭动、不到位、画出界，心中所想和画出来的效果相差甚大，这就是对马克笔的运用不够娴熟所导致的。马克笔线条的流畅程度、用笔的力度、笔尖运行的速度等都会影响笔触的变化。马克笔有各种粗细不同的笔头，在手绘表现绘制过程中，大面积的颜色通常用粗的一头完成，在最后进行画面调整或细节刻画时则选用细的一头进行完善。

肯定、干净、流畅是马克笔线条的基本要求和特点。马克笔的线条和笔触是极富魅力和变化的造型元素，在绘制过程中，可根据不同的内容选择不同的表现手法。只有掌握了线条、笔触的表现技法之后，在处理室内、景观、建筑效果图时才能做到胸有成竹、笔随心动，无论是深入刻画还是快速表现，都能做到得心应手，收放自如。常见的线条笔触有以下5种：

（1）直线

直线在效果图绘制中用得较多，尤其在表现立方体外形的建筑物、家具或大面积的色块时都会用到。直线分为快速直线、连续直线、虚实变化线等，每种直线都有其不同的特点和用法。

快速直线直且具有速度感，肯定流畅，多用于色彩过渡时交界面的色彩协调，粗、细线结合使用，可使过渡面自然衔接。此类线条能传达出清晰明了的视觉效果，给人干净、爽朗的感觉。

连续直线是用笔时快速连续往返绘于纸上而形成的线，主要用于大面积色块的着色，如：物体或建筑的体块，景观表现中地面或天空的绘制等。这种表现技法需画者熟练掌握马克笔的特性，可以自由控制笔触的运行，绘制效果均匀、笔触融合。

虚实变化线落笔下压有力，收笔上提放松，运笔注重先重后轻的变化，笔触流畅富有律动感，多变且自然，多用于表现物体或界面的明暗和虚实过渡，也可作为平面色块的点缀。（图2-20）

| 直线 | 快速直线 |
| 连续直线 | 虚实变化线 |

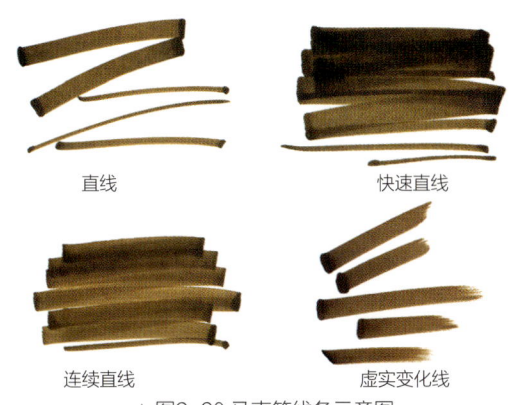

▲ 图2-20 马克笔线条示意图

（2）曲线

曲线用于表现曲面色块或形态的建筑构件、家具、植物等，线条富有动感，流畅而富于变化。在绘制中应注意线条的粗细搭配和方向变化，避免曲线过于单一、呆板。（图2-21）

（3）圆点

马克笔笔尖呈方形，笔触较生硬，在绘制过程中，可利用笔尖的棱角绘制出边缘柔和的圆点，可以丰富画面效果，也可以打破方形笔触的色块。（图2-22）

（4）短笔触

运笔时缓慢有力，形成短而宽的方形笔触，类似于水粉画的绘画手法，可以刻画物体的边缘或借助排列组合进行细节的刻画，是较为常用的一种笔触手法。（图2-23）

（5）自由线

用笔自由、随意，不受固定规律限制，多用于快速表现画法，如：表现植物等无明显边界线的物体或配景，需具有良好的画面控制能力和对马克笔特性有所了解方可运用。但一般情况下自由线在画面中运用不宜过多，否则画面会显得凌乱、无次序。（图2-24）

▲ 图2-21 曲线示意图 　　▲ 图2-22 圆点示意图 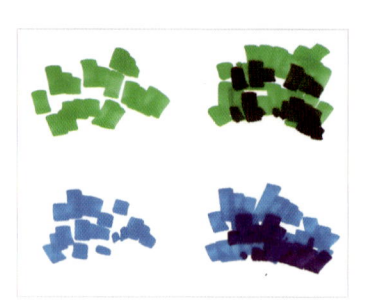　　▲ 图2-23 短笔触示意图 　　▲ 图2-24 自由线示意图

2.色彩的平铺、混合、叠加

用马克笔练习色块的平铺相对比较简单。用马克笔粗、宽的一头进行平涂，尽量保持笔触间距和头尾的整齐，加之马克笔融合效果比较好，色块自然会比较均匀。

纵使马克笔的颜色多达上百种，但是对于自然界中缤纷的色彩来说还是不足以完美地表现，这就需要画者在绘制过程中对马克笔的颜色进行适当的混合和叠加，以达到想要的效果。因马克笔不具有覆盖性，因此在混合和叠加的过程中，先浅色后深色和先深色后浅色不同的叠加顺序会产生不同的画面效果，应根据具体需要进行选择；在颜色混合和叠加时应避免多种不同色系的颜色混合，以免使画面出现脏、闷、灰等现象，从而影响画面效果。要做到马克笔的颜色混合、叠加得自然生动，有多种不同的方法和规律，初学者可一一进行尝试：

（1）单色平涂重叠渐变

用单色马克笔进行多次重叠平涂，重叠的次数越多，颜色越深，效果自然、柔和。缺点是马克笔溶解性较强，因此渐变效果不会十分强烈。（图2-25）

（2）同色系叠加渐变

利用同色系的多个颜色进行叠加混合，会产生明显的过渡效果，而且在颜色没有干透时重叠和干透后再进行重叠会产生不同的效果。（图2-26）

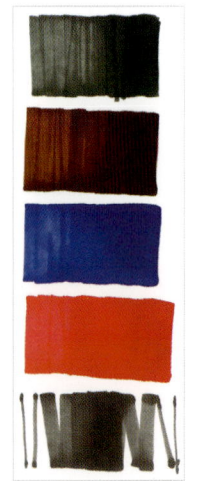

▲ 图2-25 单色平涂重叠渐变　　▲ 图2-26 同色系叠加渐变 　　▲ 图2-27 多色重叠混合

第二教学单元 环境艺术设计手绘表现的基本方法 31

▲ 图2-28 先深色后浅色　　▲ 图2-29 用色的多少决定了体块在表现时的丰富性　　▲ 图2-30 体块组合

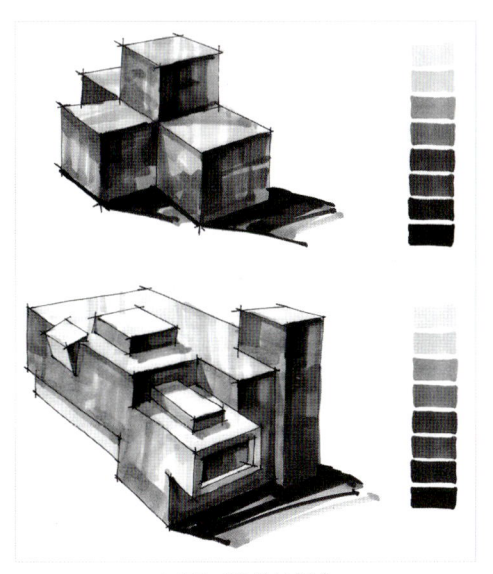

（3）多色重叠混合

将多种颜色进行混合叠加，会产生不同的色彩效果，可以增加画面的层次感和色彩变化。（图2-27）要注意颜色的选用不宜过多、色相和明度相差不宜过大，否则会导致画面沉闷、呆滞。

（4）先深色后浅色

在需要特殊的肌理效果时，可先用深色平涂，在颜色未干时加入浅色"点""块""面"等不同的用笔效果，会出现明显的"水渍"效果，增加画面丰富性。（图2-28）

3.体块的表现

在进行手绘表现的过程中，不管是室内、景观还是建筑方面的效果图，都可以将物体或构筑物概括为一个个大小不一、形状不一的体块来进行绘制。体块由高度、宽度和深度组成，在这三方面的协调下构成画面的立体感和纵深感。因此，把握住体块的空间特征和表现规律，将线条和笔触建立在空间体块的骨骼之上，就可以比较容易地表现对象。

练习体块的表现最直接的方法就是绘制简单的立方体并通过马克笔上色表现出它的立体感。画面中每个立方体都由三个面组成，设定光源位置，三个面分别为亮面、灰面和暗面，若想简单地表现立体，可直接选用三个颜色对其灰面、暗面和影子部分进行上色，亮面直接空白，其效果清晰、明朗，物体形象单纯；若想表现出立方体色彩丰富、变化微妙的效果，则可以增加使用的颜色，亮面用一种颜色，灰面和暗面使用多种颜色。使用的颜色越多，画面的效果越丰富。在进行颜色选择时注意色彩的色相、明度和纯度应尽量相近，否则容易造成色彩失真、颜色浑浊等现象。（图2-29）

单独的立方体绘制相对比较简单，在进一步的练习中可以增加立方体的数量和改变立方体形状，使立方体变得更加复杂、多样。这样在绘制过程中就要注意每个立方体相互之间的位置关系、各自的投影以及每个面的转折。大量的体块训练可以加强画者对空间的想象力，巩固透视基础，对真正进入实景绘制有着很大的帮助。（图2-30）

4.材质的表现

材质是物体外表皮所呈现出来的外部特征，给人以不同的视觉感受，其特征包括色泽、肌理、表面工艺处理等。质感对区分物体材质起到直接的作用，物体表面所呈现出的光泽、明暗色彩、肌理形态都需要通过细致的刻画表现出来。室内、景观或建筑中任何空间都是由不同材质构成的，无论粗糙还是光滑、柔软还是坚硬，它们之间的相互搭配都会让物体或构筑物产生不同的视觉效果，因此在手绘表现中，材质的表现是十分重要的。

不同的材质需要搭配不同的颜色和用笔方法，但也不是绝对的，根据场景的不同、画面需求的不同以及个人喜好和习惯的差异会有不一样的绘制方法，只要正确地表现出空间内的各部分材料及质感，呈现画面的真实感觉就可以。

（1）木材

木材的表现一般选用深浅不一的棕色系，表现时注意木纹的肌理形态，一般先用浅棕色平铺底色，再根据具体细节来进行细致的木纹描绘。表面光滑的木质材料，如木质家具、地板等，在颜色的使用方面不宜过多，尽量保持材料的整体性，避免肌理效果过于明显；

表面粗糙的木质材料，如树干、原木座椅等，可深入刻画木质表面肌理和形态，尽量还原木质本色。（图2-31）

（2）石材

石材的表现一般选用灰色系完成，可适当加入环境色来点缀和丰富画面。以浅灰色系铺底，用较深的灰色层层叠加，表现立体感和肌理效果，也可配合彩色铅笔增加视觉效果。（图2-32）

（3）金属

金属表面较为光滑，反射能力较强，在用笔方面尽量采用直线条，运笔有力、肯定、速度快，表现金属硬朗的感觉。颜色选用冷灰色系较为合适，局部区域可绘制出反射物象。（图2-33）

（4）玻璃

玻璃制品具有较强的反射能力，会形成一定的镜面效果并容易产生高光，在刻画时要注意表现出较为明显的反射效果。（图2-34）

（5）纺织品

纺织品质地柔和，反射能力很弱。抓准不同纺织品在受光时表现出的不同特性，在细节部分可加入彩色铅笔进行细致刻画，质感就容易表现出来。（图2-35）

（6）砖墙

砖的材质多种多样，新旧程度也不尽相同，在绘制过程中要针对不同砖的材质灵活应对。总体来说可先用马克笔铺底，再根据具体形态与颜色进行颜色的叠加和形体的塑造，砖缝的位置可用深色进行形体分割，同时加强其立体效果。（图2-36）

▲图2-31 木材表现

▲图2-32 石材表现

▲图2-33 金属单体表现

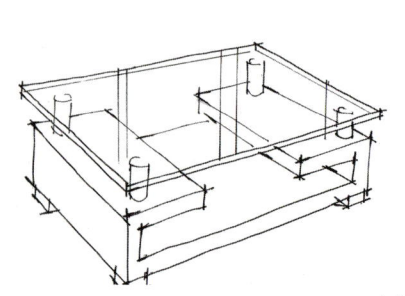

▲图2-34 玻璃物体表现

▲ 图2-35 纺织品表现

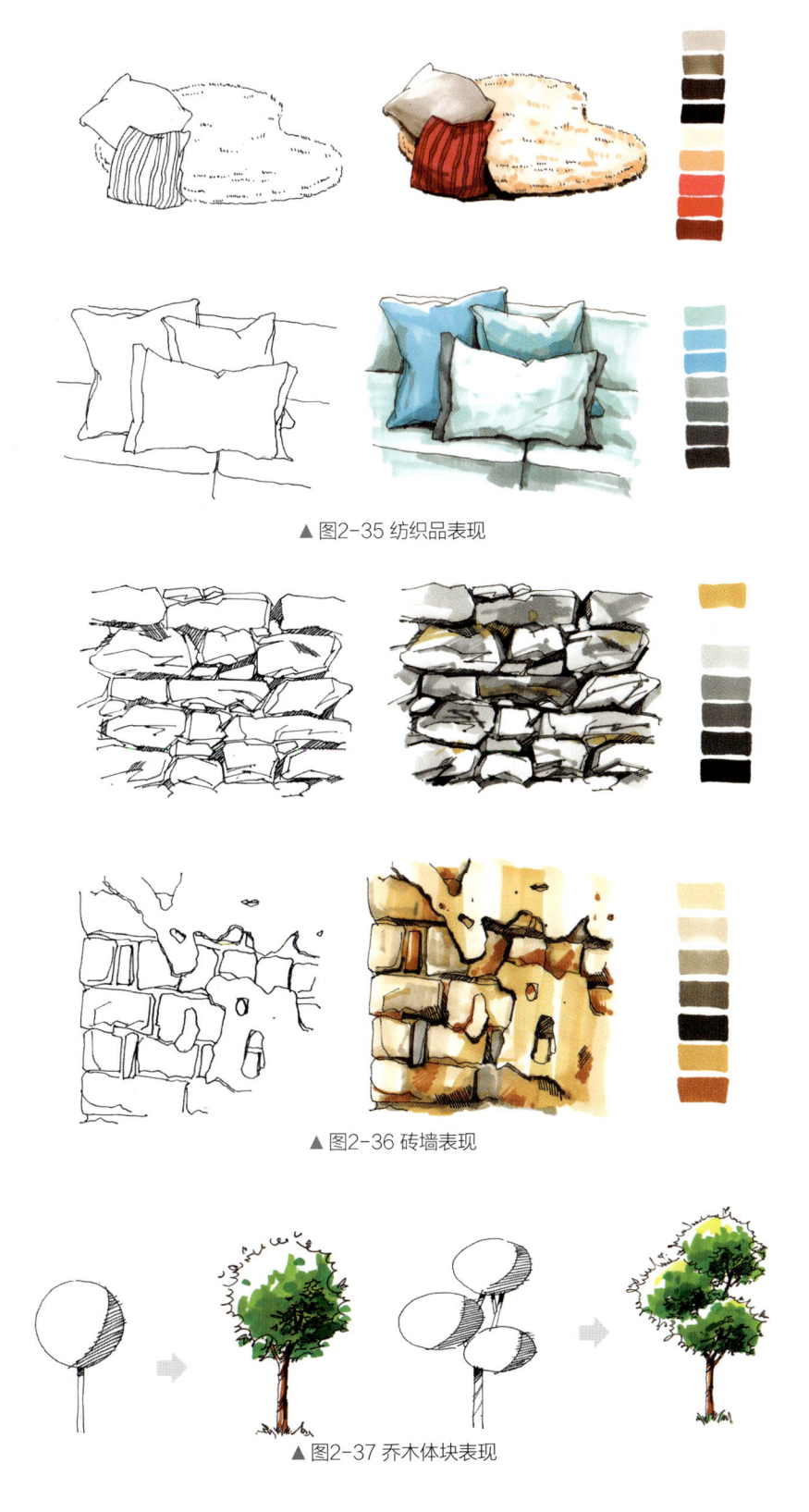

▲ 图2-36 砖墙表现

▲ 图2-37 乔木体块表现

（三）单体的塑造

单体作为构成画面的重要形态元素，不仅要注重自身的形态美感，还要注重与画面的整体相协调。单体造型的形式美感和协调的比例是重点，其次可根据不同的风格选择合适的表现手法。在练习时注重深入刻画细节，将形态特征、色彩搭配、明暗对比、节奏关系处理到位，在今后绘制完整效果图时就可以灵活运用。每种单体的练习尽量做到多角度，多种表

现手法均要掌握，还要熟悉和掌握多种表现技法的规律，有效组织笔触和色彩，既要关注具体的画法，还要注意造型美学。

植物、人物、交通工具、家具等单体是构成建筑、景观、室内手绘表现效果图的主要组成部分，将其在画面中灵活应用不仅可以丰富画面效果，还可以清楚明了地显示出主体的比例关系以及与周围环境的关系；在构图有偏差时，还可将其作为平衡画面重心的添加元素；也可作为营造画面氛围的重要元素。

1.植物

植物是景观表现中最常见的配饰性单体，基本上所有的景观效果图都会用植物作为点缀和搭配。在建筑效果图表现时，植物更是作为重要配景，离开了植物，建筑也就索然无味了。植物可以加强建筑物与大自然的关系，植物的外形自然、生动，无既定边界，可对建筑或景观构筑物进行部分遮挡和覆盖，还可以缓解建筑或景观中过多的直线条导致的画面生硬现象。

植物的品种多样、形态各异，按植物属性又分为乔木、灌木、草地等多种类别，因此在绘制过程中要选择多种植物进行练习，熟悉各种植物的形态、颜色，既要对植物进行细致刻画，又要熟练对其进行概括描绘。

在手绘效果图的表现中，植物通常作为配景出现，因此在对植物进行上色的过程中，切忌在同一棵植物中使用过多的颜色，一般使用2～4种表现其基本的颜色效果即可。颜色太多会使画面显得过于花哨，植物和画面之间会缺少整体感，也会有喧宾夺主之嫌。

植物上色不宜过满，应当适当留白，就如同现实中的植物一样，远远看上去是一片绿色的整体，但是枝叶间也留有空隙，阳光可以透过。在上色时适当留出空白，让植物看起来

▲ 图2-38 多种形态的乔木表现

▲ 图2-39 灌木体块表现

效果。同时，在绘制时要将乔木作为有"体积"的体块，而非眼睛所看到的一个"面"，将树冠整体看作一个球体，树干看作柱体，用体块的方式塑造乔木。在塑造时一定要进行概括，以求画面的整体性。（图2-37、图2-38）

（2）灌木：灌木也常被用于建筑效果图表现中，尤其多用于景观表现图。灌木有着复杂的自然形态，在绘制时应根据其生长规律进行概括性表达，做到乱中有序，繁中求简。（图2-39、图2-40）

（3）草地：草地多采用大面积平涂的方式进行概括，无须过于追求细节，也可用两种颜色丰富草地的肌理。

2.人物

人物在画面中可以起到烘托场景气氛、表现建筑和景观尺度、增加生活气息的作用，还给人以身临其境的感觉，将大小不同的人物适当用于画面中，可以增加画面的纵深感，形态各异的人物还可使画面显得生动、活泼。（图2-41～图2-43）

【绘制要点】

（1）在绘制效果图中的人物时应注意人物的比例要比实际真人略修长一些，带有一定的装饰性；亦或是将人物进行适当的变形和夸张，对画面可以起到装饰的效果。手绘表现中的人物无须像速写那样将人物刻画得十分真实，更重要的是作为营造画面气氛而添加的生动元素。

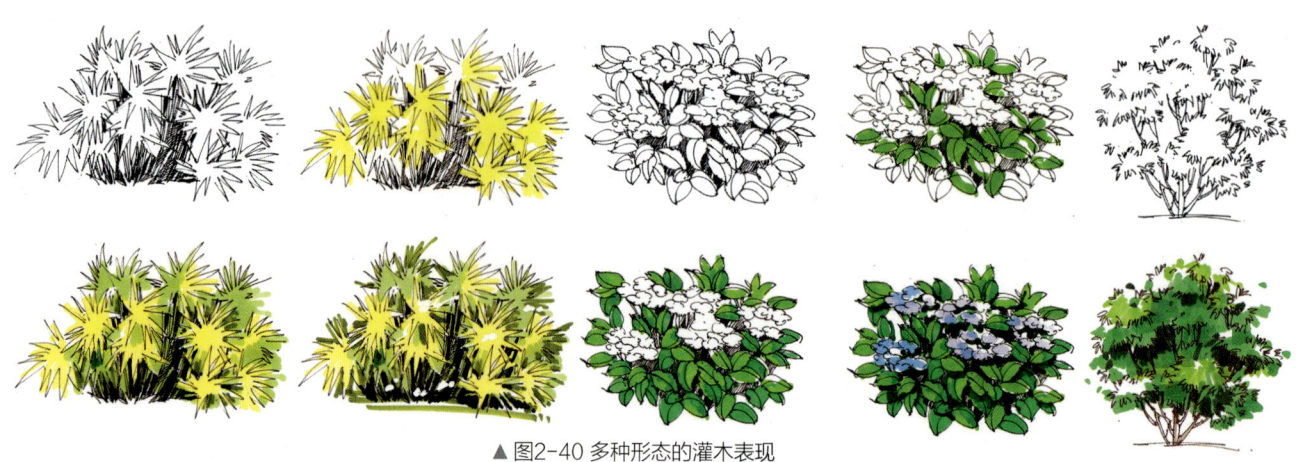

是"透气"的，否则会使得画面过于沉闷，不通透，影响画面效果。

【绘制要点】

（1）乔木：乔木是建筑和景观效果图中最常用的配景之一，能给画面带来生气，大面积的乔木可决定画面的主色调，还可弥补在构图方面的不足。乔木主要由树冠和树干组成，在绘制过程中要注意树冠的形态表现和立体感表现，虽然乔木外形无规律、自然生长，但基本形态要依据自然界规律描绘，过于奇形怪状的树不但不会给画面加分，反而会影响整个画面

▲ 图2-40 多种形态的灌木表现

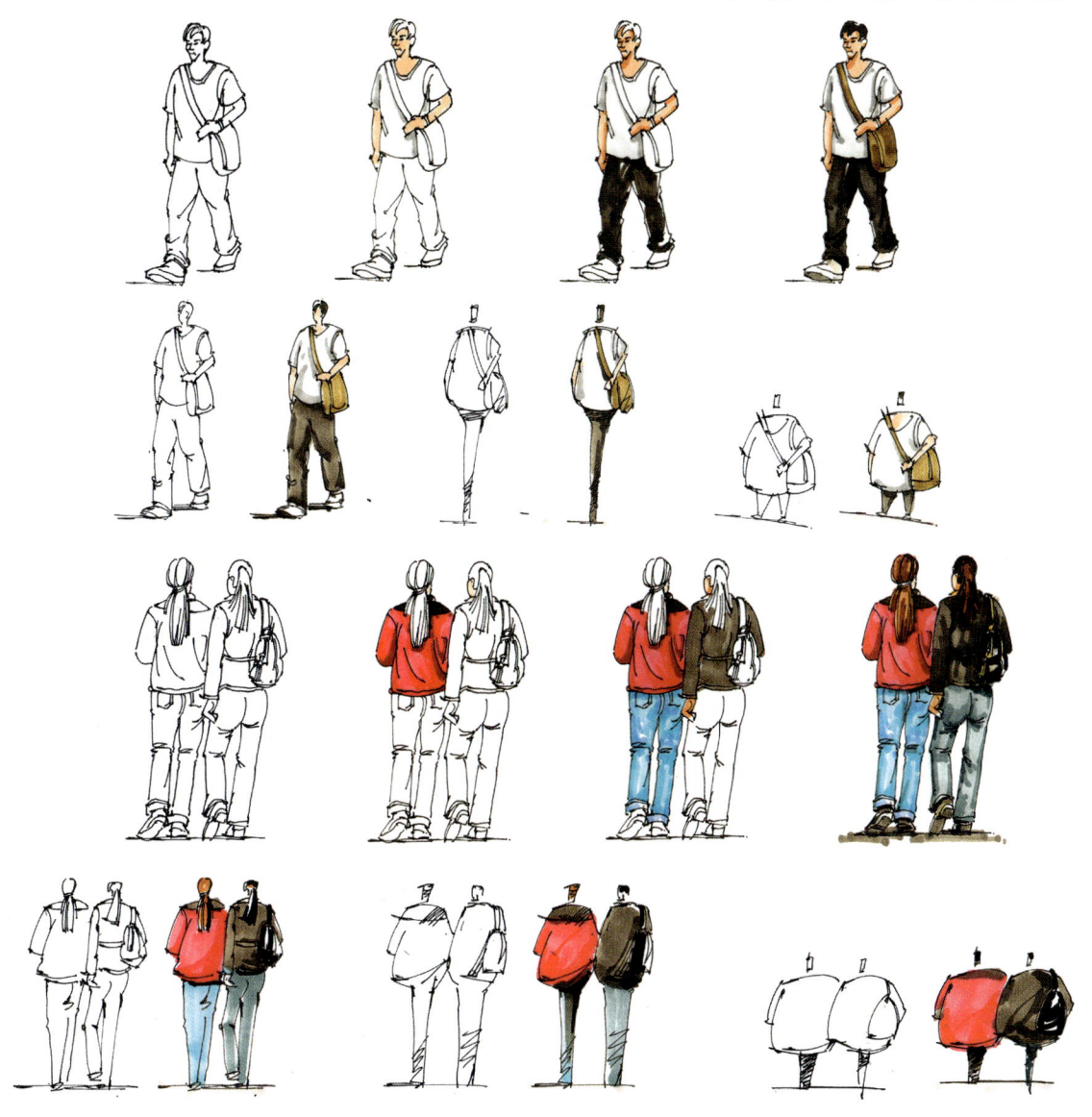

第二教学单元 环境艺术设计手绘表现的基本方法 | 35

▲ 图2-41 人物的表现形式多种多样，需要根据画面风格决定人物风格，近景的人物可以描绘得细致一些，远处的人物则需要进行概括表现。

▲ 图2-42 人物表现

（2）人物位置的恰当摆放和虚实相宜的配合可以轻松展现画面的空间关系和纵深感。组群人物要注意男女、数量的搭配，做到疏密有致、生动自然。近处的人物刻画可详细一些，远处的人物则可以进行概括表现。

3.交通工具

手绘表现效果图中的交通工具主要包括轿车、公交车、船、拖拉机、飞机等，其中轿车最为常用，在画面中适当运用可增加画面的真实感与生活气息。

【绘制要点】

（1）在绘制时要注意概括画法，作为配饰无须每个细节都刻画出来。比如在街景的绘制中，可以将中景的汽车选择1～2辆进行相对细致的刻画，对于远景和近处的则只需画出大致轮廓即可。（图2-44、图2-45）

（2）在质感的表现中注意金属材质的表现，避免用色过于花哨、喧宾夺主。（图2-46、图2-47）

▲ 图2-43 当绘制效果图的视平线与人等高时，画面人物的头部须位于视平线位置

◀ 图2-44 细致刻画与概括表现需要根据画面需求进行选择

▲ 图2-45 细致刻画与概括表现对比

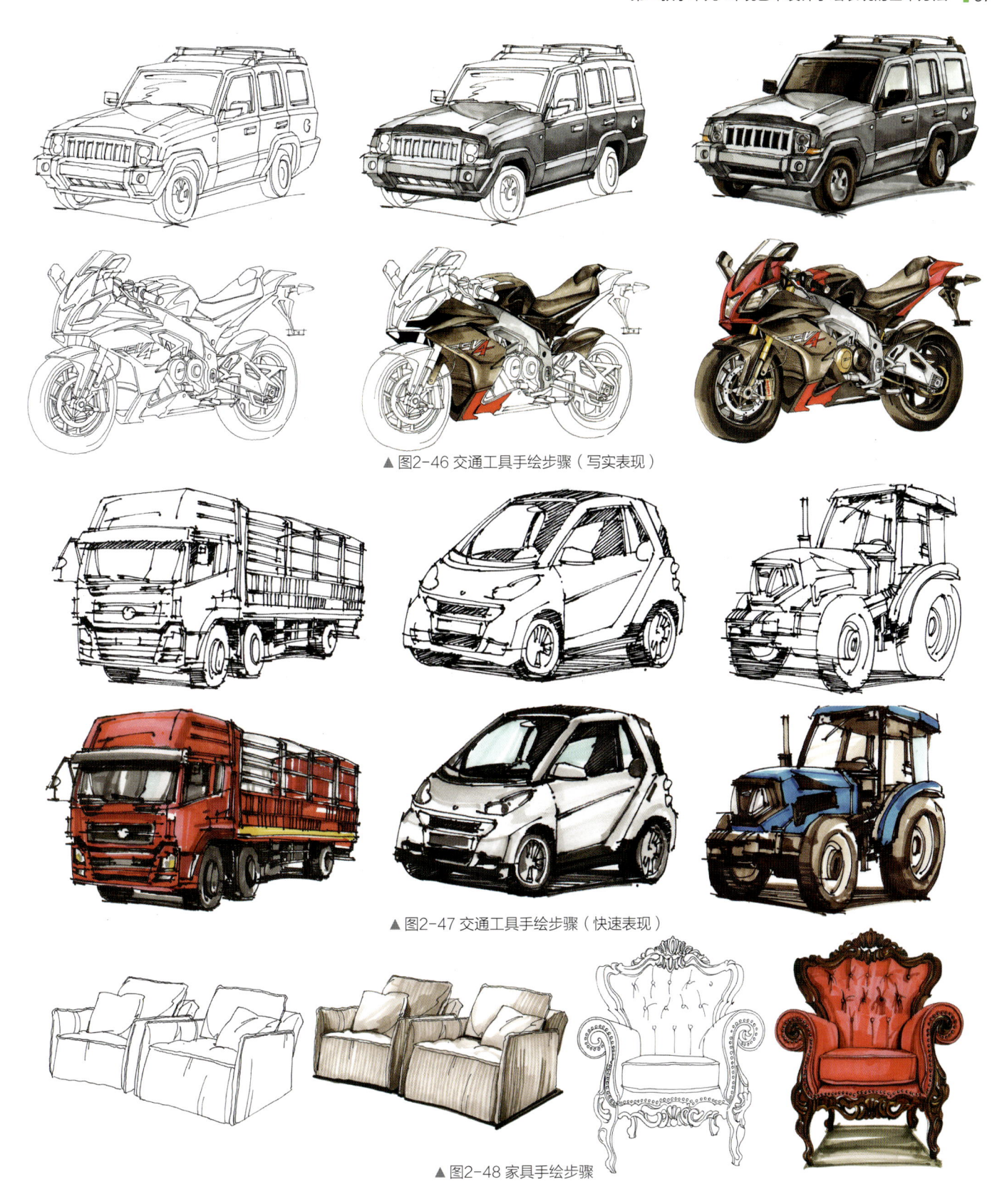

▲ 图2-46 交通工具手绘步骤（写实表现）

▲ 图2-47 交通工具手绘步骤（快速表现）

▲ 图2-48 家具手绘步骤

4.家具

在室内效果图的绘制中，可以通过家具表现空间的纵深感以及形成蜿蜒的构图和虚实的效果，并且渲染室内的气氛。家具的类型决定了室内的风格，高档的家具可以增加效果图的吸引力；那种局促难看的空间，通过家具的精心摆置，其效果可以得到弥补。在表现家具的时候，要注意家具的材质特点和结构特点，将某种家具风格的特点和结构熟悉掌握后，才能结合线条更加轻松、自然地表现出相应的室内风格。（图2-48~图2-52）

▲图2-49 家具手绘表现及色彩罗列 ▲图2-50 室内盆景装饰手绘表现

▲图2-51 家具手绘表现 ▲图2-52 灯具手绘表现

▲图2-53 彩铅天空表现

▲图2-54 马克笔天空表现

【绘制要点】
（1）绘制家具时要注意家具的风格与室内空间的整体风格相适宜，避免家具样式过于繁杂且不统一，影响画面效果。
（2）家具在室内空间中占据的体积和在画面中占据的面积都相对较大，因此家具的颜色很大程度上可以影响整个室内空间的色调。在上色阶段要注意家具颜色的统一、和谐，做到与整个空间关系的色调相匹配。

5.天空

在景观效果图的表现中，天空一般占据了画面较大的位置，天空的颜色可以决定画面的整体气氛，可以是阳光明媚，可以是狂风暴雨，也可以是夕阳落日，也可以是深更半夜。天空中行云的形状可以帮助画面调整构图。（图2-53～图2-55）

【绘制要点】
（1）一般而言，天空的颜色以浅淡为主，可以很好地衬托画面主体，或是使用对比色表现天空，增加画面的可读性和画面整体的色彩感。
（2）使用过多的颜色绘制天空会使画面产生脏乱的效果，将观者的视线带离画面中心，因此，天空的颜色要以统一为主。

▲图2-55 曾海鹰 笔触自然、轻松的天空表现

▲ 图2-56 马克笔、彩铅相结合表现天空

（3）有些时候，马克笔的笔触较生硬，不适宜天空的表现，可以配合彩色铅笔或是水彩进行修饰。在颜色过渡和转折的时候用彩铅和水彩配合，使颜色过渡自然，避免马克笔生硬的笔触。（图2-56）

6.石头

石头在自然景观中比较常见，景观水景旁经常会以石头作为装饰或者使用石头作为河道堤坝，有时也见于建筑和室内空间中，也会出现自然石头堆砌的墙面或是作为室内景观摆设的石头。石头的种类繁多，颜色变化丰富，对其特性的表现方法熟练掌握后，可以很好地丰富画面效果，其运用也十分广泛。（图2-57～图2-59）

▲ 图2-57 王玉龙 石景观绘制步骤图与完成图

▲ 图2-58 王玉龙 世界著名石景观手绘表现（马克笔）

▲ 图2-59 王玉龙 巨型石雕手绘效果图

【绘制要点】

（1）石头的基本特点是粗犷、硬朗、形态各异，因此在表现时首先要注重线条和笔触，过硬或过软会影响其真实性，应两者相结合。

（2）石头的形态千奇百怪，没有既定的造型，但并不意味着这样就可以随心所欲地画。在绘制时要以自然为主，更重要的是注重体积感的塑造，不要一味地注重外部形状和线条，否则容易画出一"片"石头，而不是一"块"石头。

（四）局部组团练习

从单体到最终对整体画面的把控过程中，局部组团练习是非常重要的一个环节。学习手绘表现是一个循序渐进、从易到难的过程，经过了一系列单体造型的收集和个体塑造表现，掌握物体与物体之间的关系表现将对最终效果图表现产生直接影响。在单体表现中，空间效果相对较弱，画面偏重局部效果；而在组团空间表现中，画面更加侧重整体空间效果和物体之间的和谐感。并不是每个物体画得面面俱到就是合理的，而需要利用每个物体的虚实关系凸显画面的纵深空间，为进一步表现整体的空间效果做好准备。（图2-60～图2-62）

【绘制要点】

（1）组团练习的重点应放在协调物体与物体之间的关系上，可以选取完整的效果图中的一部分进行练习，实际上就是要把握好物体之间的黑白灰关系和色彩之间相互映衬、对比、协调的关系，利用线条和色彩将物体的前后关系、主次关系区分开来，丰富空间层次。

（2）进行组团练习时可以将临摹与默画的方式相结合，或是穿插进行，线稿部分采用临摹的方法，而上色时可以使画面融入更多的主观色彩，加强自身对画面的处理能力，这样可为后期手绘表现创作阶段打下基础。

▲ 图2-60 王玉龙 假山手绘步骤图与完成图

▲ 图2-61 王玉龙 室内局部手绘步骤图与完成图

▲ 图2-62 儿童房局部手绘效果图

（五）临摹练习

在掌握了手绘表现的基本要点和对马克笔的特性有了初步认识之后，初学者就要进入学习手绘表现一个很重要的环节——临摹练习。可以说，临摹是提高手绘表现最直接也是最有效的方法，在临摹过程中，能够充分认识到自己相对较弱的方面，同时也可以发现自己擅长的表现手法，但是在临摹过程中一定要掌握适当的方法，方能达到理想效果。

1.优秀作品临摹

临摹初期可以先从临摹优秀作品开始，每一幅优秀的手绘作品都经过了艺术的加工，线条、笔触、色彩搭配都以最直接的方式呈现，无须后期进一步处理。临摹时要注意体会原作者在绘制过程中对画面的处理手法，领会处理画面的要点和方法，将经验积累起来，为日后的独立创作奠定基础。（图2-63~图2-65）

▲ 图2-63 王玉龙 咖啡厅室内设计手绘效果图

▲ 图2-64 王玉龙 千户苗寨写生手绘表现图　　　　　　　　　　　　　　　　　　　▲ 图2-65 王玉龙 雪景手绘表现图

【绘制要点】

（1）在临摹作品的选择上，应该依据自身的具体情况进行选择。初学者应从简单的作品开始进行临摹，在阶段性地完成目标后，难度可随之加大，同时要避免只针对某种类型的作品进行反复临摹。每一种风格的作品都有其值得我们学习、借鉴的地方，应尽量多地选择不同风格的手绘作品进行品读、临摹，这样才能更加清晰地认识到自己擅长的方面与薄弱的环节，从而更加有针对性地进一步练习。

（2）在临摹过程中，应有足够的耐心和细心对原作的每一根线条和笔触进行分析，临摹过程不求快，但求稳，本来临摹就是学习的过程，只有静下心来对原作进行细致的理解，才能懂得作者的用意和掌控整体的画面，争取每一张临摹作品都能耐心、细致地完成。

2. 参考图片临摹

优秀的手绘作品临摹，或许不需要对画面进行额外的加工，但是利用实景图片进行临摹绘制时，就需要将自己主观的感受落实于画面中，这相对于单纯的临摹有一定的难度。参考图片的临摹不仅仅是单纯的临摹，图片展现给我们的是真实的空间、光影、结构以及不同的材质等，没有实实在在的线条和马克笔的笔触，这就需要后期在对画面进行理解后，将其转化为马克笔效果图。在这个过程中，初学者首先要对图片有一个充分的理解，认真分析图片的透视关系、结构关系、色彩关系、光影关系、虚实关系、材质特点等，进而将实景图片转化为马克笔手绘效果图。这是手绘学习中需要长期坚持的一种学习方法。在不断地对图片进行概括、归纳、绘制的过程中，可以逐渐摸索用笔用色的技法和画面处理的规律，培养自己专业的观察能力和巩固自己的马克笔绘制基础。（图2-66～图2-71）

【绘制要点】

（1）并不是所有的图片都适合进行马克笔绘制，在图片的选择上要注意四点：第一，画面要有吸引人眼球的视觉中心，也就是主体物要足够突出，这将直接影响到画面最终的视觉效果；第二，尽量选择明暗关系明确的图片，有利于在绘制时轻松把握画面的黑白灰关系，避免画面的最终效果灰、暗；第三，避免选择内容空洞、细节过少、单调的图片，应选择主体完整、细节丰富、空间感强、可深入刻画的图片；第四，若图片选择不理想，可以通过后期调整来改善画面整体效果。

▲ 图2-66 苗寨建筑临摹图片参考

▲ 图2-67 苗寨建筑临摹步骤图

◀ 图2-68 王玉龙 苗寨建筑手绘表现完成图

▲图2-69 渔船临摹图片参考
临摹图片时也须进行一定的取舍，若图片信息复杂不清晰，可着重表现重点部分，将背景省略，突出船的表现。

（2）在对参考图片进行临摹绘制时，最重要的就是对图片的理解，切忌拿到图片不经过思考直接就照葫芦画瓢开始临摹，那样画面最终的效果一定是死板、生硬的。之所以对实景图片进行临摹绘制，就是需要我们投入自己的思想感情，对画面要有主观的处理，因为每一张图片都不可能是百分之百适于绘制成马克笔效果图的，需要进行一定的修改，例如：图片中有些多余的地方需要进行删减，空间中单调的地方需要增添物体，色彩突兀的地方需要更换颜色等。这就需要我们在前期单体练习和组团练习时多收集资料，熟练掌握尽量多的绘制方法，在需要的时候可以随时灵活运用。

（3）对于自己无从下手的图片，可以借鉴、模仿一些优秀作品的画风。将自己喜欢的画风"套用"到需要绘制的图片中，将他人绘画的特点和表现方法融入自己的作品中，从而摸索出真正属于自己的绘画风格，这是手绘表现学习中必不可少的重要环节。

（六）户外写生

户外写生是手绘表现学习中难度较大的一项练习，也是对自己前期学习的一个总结和提高。在前期手绘训练已经有了阶段性成果之后，可以走出室内，在室外环境中完成手绘作品的绘制。从最初的临

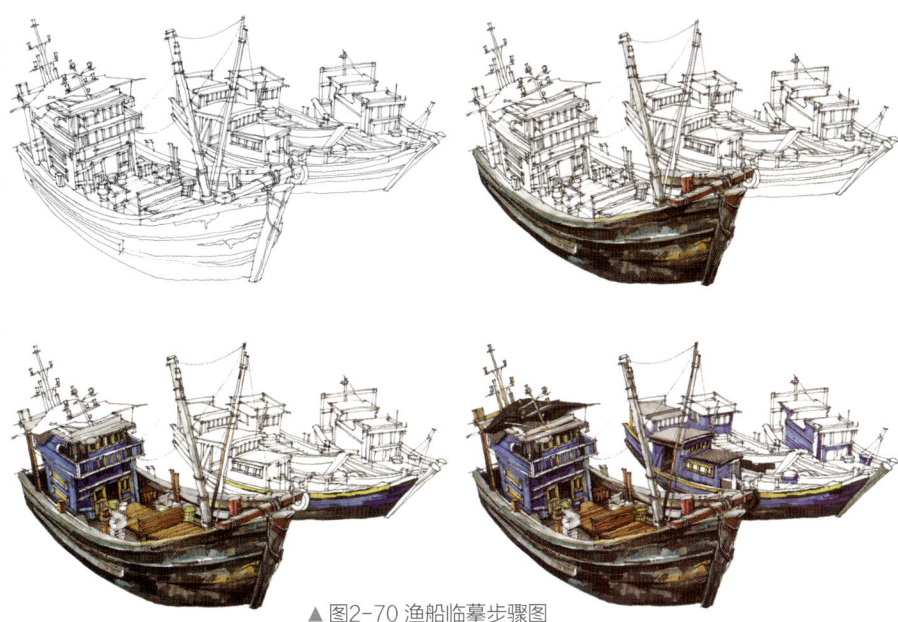

▲图2-70 渔船临摹步骤图

▲图2-71 王玉龙 渔船手绘表现完成图

摹、笔触的模仿，到后期的线条、色彩的绘制，再到户外写生必备的独立思考、构图安排、颜色组织、绘制手法，手绘表现从始至终都是一个逐步递进的过程。户外写生阶段既是一个对技法巩固的阶段，同时也是画者在手绘表现过程中开创自己独创性的阶段。

户外写生不同于照片临摹。虽说都是对实景的绘制，但是照片中已经给出了既定的范围和一个总体的构图形式，照片所呈现的色彩也相对比较清晰，这就大大减小了临摹的难度。而在户外写生中，会遇到各种各样的突发问题：偌大的空间无法限定绘制的范围，肉眼对颜色的识别会受到天气等多方面客观和主观因素影响，来去行走的行人和过往的车辆对画者带来不便和视线的遮挡等。这些问题都是照片临摹中不会遇到的，因此手绘表现中户外写生阶段对于初学者来说是一个比较严峻的考验。户外写生的练习不仅可以为日后绘制效果图积累素材和经验，还可以训练自己对空间的理解能力、对画面的整体把控能力、对颜色的识别和替换能力，以及想象

能力等。户外写生是一个综合能力的培养过程，同样的场景，不一样的人进行绘制也会有完全不同的画面效果，这是由于画者将自己的思想和理解植入画面中，从而形成了自己独有的特色和风格，所以说，这也是培养自己独特风格的过程。（图2-72~图2-75）

▲ 图2-72 王玉龙 千户苗寨写生步骤图

▲ 图2-73 王玉龙 千户苗寨写生完成图

第二教学单元 环境艺术设计手绘表现的基本方法 | 47

▲ 图2-74 王玉龙 儿童房手绘表现步骤图

▲ 图2-75 王玉龙 儿童房手绘表现完成图

【绘制要点】

（1）面对眼前的场景不要急于动笔，要仔细观察，选择一个最适合入画的角度。这个过程中要考虑多方面的因素，首先就是画面的整体性；其次，确保画面有一个相对明显的视觉中心，不要贪心想要表现所有的东西，要学会取舍，确定画面主体，这样在表现时才会轻松自如，画面内容才不至于繁杂、没有重点。在室外写生时经常会受到光线的限制，一天之中光线在随时变化，要注意光影对物体的影响，背光时物体整体颜色较暗，细节不易看清楚，对作画带来一定的不便，因此要选择视线好的时候进行表现。

（2）基本确立了绘制的场景之后就要进入构图、起稿阶段，构图是绘制过程中非常重要的一个步骤，倘若构图阶段就出现了问题，那么即使后期绘制得再好也会对画面造成致命的影响。构图的大小是画面整体给人最直观的感受。构图时首先要将所要表现的场景合理地置于画面之中，不宜过大或过小，过大的构图会使得画面拥挤、不透气，过小的构图会显得画面空洞、缺少内容。若无法通过肉眼确定构图范围，可以借助取景框或是手机、相机等外界工具进行构图范围的界定。其次，在构图阶段需要对画面内容做一定的处理，因为自然界或是现实存在的场景中或多或少都会有一些不适合入画的部分，这就需要我们在构图时对景物进行适当的增添、概括或删减，以达到最合适的构图需要。初学者在构图阶段最好先用铅笔起稿，在基本确立了大致的构图关系后再进行钢笔线稿的绘制及接下来的步骤。

（3）构图完成后就要进入马克笔的表现，马克笔的表现方法多种多样，既可以单纯地使用马克笔绘制，也可以配合钢笔线稿进行绘制，还可以将钢笔、马克笔和彩色铅笔等多种工具结合使用。不同的工具所表现的画面效果也会有较大差异，这就需要结合自身对各种工具的熟练程度和画面的需要进行选择，也可尝试同一画面分别用不同的表现形式。

（4）户外写生所受的限制条件相对要多一些，尤其是时间上的影响。时间的长短会影响手绘效果图的表现，时间充足的话，可以绘制得相对细致一些，更多地刻画细节部分；若时间有限，则可以用快速表现的方法，线条快速、干脆地表现整体关系，细节部分可进行概括。无论表现得细致或概括，画面都将表现出不一样的风格特点，只要熟练掌握绘制技巧即可。

（七）手绘作品创作

进入创作阶段的手绘表现，就是利用综合技能绘制一幅现实中不存在或是暂时不存在的效果图或表现图，多用于设计中的效果图展示。这个过程要求画者较为熟练地掌握手绘表现技能，同时需要一定的艺术表现力和设计能力，难度也相对较大。在平日手绘练习时收集的素材和资料在这个时候就派上了用场。很多手绘作品的创作都是在一个已有的基础上进行进一步的拓展或替换，比如说在收集的三张图片中各选取一部分进行组合，绘制成一幅新的手绘表现图，这也可以称之为手绘创作，并非是大家脑海中所认为的完全凭空的想象，百分之百的纯创作比较少见。初学者在这一步的练习中也应该充分利用自己前期手绘表现时积累的经验和素材，结合自己的设计想法和充分的表现力进行绘制。

手绘作品的创作对画者的创作思维和分析能力要求比较高，同时还要求画者有一定的对画面的组织能力和平日对事物敏锐的观察力，综合各方面技能才能轻松应对创作阶段所要面临的各种挑战。初学者在创作初期会遇到较大的阻碍，很多时候都不知从何下手，更多的是茫然与无助，这是正常现象。随着时间的积累和不断地练习，手绘创作会逐步渗入平时的练习中，久而久之就可以应对自如。当然，掌握适当的技巧对于手绘创作来说尤为重要，有时候可以让我们在绘制过程中产生事半功倍的效果，大大提升绘制效率。（图2-76、图2-77）

【绘制要点】

（1）手绘作品创作阶段中，定稿所需要的时间往往会大于绘制时间，因为这已经不仅仅是简单的临摹或写生，重点在于创作，一旦创作阶段完成，那么后期绘制就会顺其自然地进行下去。很多时候在定稿阶段需要反反复复地修改和琢磨，会花费大量的时间和精力，这个时候我们可以借助电脑合成的方式将我们收集到的素材在电脑上进行处理，"拼"出一张效果图，这样在接下来进行手绘表现时就可以将其看作是一幅简单的图片临摹，这样就降低了创作的难度。这个过程中要注意素材之间的和谐以及整个画面的透视关系，要使画面看起来协调。

（2）为增强画面的视觉效果，可以在创作过程中对画面的细节进行夸张处理。比如说，在进行老建筑的绘制时，可以将建筑表面有意地进行做旧处理，更显历史沧桑感；夸张表现颜色，将原本在画面中鲜艳的颜色绘制得更加鲜明，增强画面的视觉冲击力等。适当的夸张是一种艺术的表现，但是要把握一个度，一旦过度地夸张会产生不真实的效果。

（3）创作表现通常没有完整的参考图，多是拼凑而成的，在拼凑过程中要注意光影的统一，不要在一幅画面中出现不同角度的光源，或是每个物体没有统一的影子，这样的画面必然缺少真实感。（图2-78~图2-82）

▲ 图2-76 王玉龙 胡同

▲ 图2-77 王玉龙 主题公园立面效果图

▲ 图2-78 创作参考资料
创作前期需要收集多方面资料，通过资料的整理和筛选，选择对自己有帮助的参考资料进行创作。

▲ 图2-79 王玉龙 BOOK&CAFE书吧·咖啡吧改造设计 入口立面效果图

▲图2-80 为突出重点的火车部分,将植物、人物等其他配景留白,凸显火车的质感。

▲图2-81 局部立面效果图
设计中针对重点想要表现说明的部分,可以进行单独细致的描绘,突出设计重点和精彩部分。

▲ 图2-82 立面效果图

三、环境艺术设计手绘表现的基本要素

针对设计层面，手绘表现不仅仅是为了一般意义上的艺术欣赏，而是为了在实际设计中的运用，它是设计初期草图阶段最便捷的表现方法，也是设计后期效果图展示最直观的表现方式。环境艺术设计手绘表现主要涵盖了平面图、立面图、剖面图和鸟瞰图等几方面要素。其中，鸟瞰图一般适用于景观设计或建筑设计，目的是为了全面展示设计效果，而室内空间设计的表现通常不需要绘制鸟瞰图。

环境艺术设计手绘表现在注重艺术性的同时，更加注重它的准确性、真实性和说明性。尤其在平面图、立面图和剖面图的绘制中，设计元素在图面之中的摆放位置以及各方面的尺度都要求十分准确，不能只追求艺术效果而忽略了实际存在的真实性。在最终效果图的绘制方面则可以进行适当的艺术加工，在依照原设计的前提下进行合理的艺术处理。

（一）平面图

平面图是在环境艺术设计手绘表现中表现设计内容最完整的说明性图示，一张平面图涵盖的内容十分丰富，主要包括了比例尺、图例、尺寸标注、方向（主要适用于景观设计等）等多方面内容，因此在绘制时可借助直尺和比例尺进行准确绘制，在保证图面准确性的前提下再进行艺术效果的处理。（图2-83）

▲ 图2-83 王玉龙 景观规划设计总平面图

【绘制要点】

（1）绘制平面图首先要确定一个适当的比例尺，过大或过小的比例尺都将影响平面图的表达。比例尺的确定以能够清楚表现设计内容为基本原则，室内设计平面图一般采用1：50至1：200较为合适，其中特殊情况也可进行调整，景观和建筑受大小影响，没有统一标准，都应以实际情况为准。

（2）室内设计平面图通常会在一个既定的平面空间中进行绘制，要注意室内外轮廓线的准确表现。室内平面图中承重墙、非承重墙、窗户、门的表现方式都有很大的区别，清晰、明确的表现会让人一目了然地了解空间结构。一般情况下，承重墙会用黑色平涂的方式进行标示，非承重墙用闭合双实线围合而成，窗户在墙体的基础上在内部添加两条细实线，门则用扇形说明。

（3）任何平面图中尺寸标注都是必不可少的。在尺寸的标注方面，要注意尽量详细地对平面图中重点部分的尺寸进行标明，尤其是结构性的节点和总体的长和宽，过于细致的部分若为无关结构或仅作为装饰性的内容，可不进行标注，标注的文字、数字应清晰、明了。

（4）在平面图上色阶段要避免颜色过于花哨。平面图的表现要以清楚、明确为主要目的，过于花哨的平面图会让人在读图时产生障碍，不利于设计内容的表达。

（5）无论是室内设计平面图还是景观设计的平面图表现，都要清楚地标注。平面图的每一个重点部分都要有明确的文字说明，比如在室内设计中要分别标明卧室、厨房、洗手间等，在景观设计中要标明广场、休闲空间、亲水平台等。

（6）在某些平面图绘制中还需标注方向和图例，使读图的人明确设计方位和特殊符号的含义。比如在某公园景观设计中，植物种类繁杂，平面图中会使用多种植物的平面形式进行绘制，这就需要对每种不同植物的平面进行图例说明，明确区分。

（二）立面图、剖面图

立面图是利用投影原理，将空间立面所有能看得到的细部都表现出来，借助立面图可以清楚看到在同一空间中物体之间的高度关系。平面图表现的是长度和宽度的概念，立面图则表现的是高度的概念，结合平面图和立面图，空间关系基本就可以在脑海中形成，所以除平面图外，立面图也是环境艺术设计中必不可少的说明性图示。

剖面图又称剖切图，是在立面图的基础上将有关的图形按照一定剖切方向所展示的内部构造图例。剖面图是假想用一个剖切平面将物体剖开，移去介于观察者和剖切平面之间的部分，对于剩余的部分向投影面所做的正投影图。它更多的是展示物体或构筑物的内部结构、材料、施工方式等。手绘表现的剖面图只需绘制出大致的剖面结构，具体细节可根据实际情况进行概括。（图2-84～图2-87）

【绘制要点】

（1）手绘立面图和剖面图所必备的要素有很多，缺一不可，在绘制时应尽可能全面地表现，便于观者理解。例如：比例尺、尺寸标注、文字说明、材料及做法等，都需在图中表现出来。

▲图2-84 王玉龙 景观剖立面效果图

▲图2-85 王玉龙 特色景观广场立面效果图

▲ 图2-86 王玉龙 景观游乐设施剖立面效果图

▲ 图2-87 王玉龙 古建筑剖立面效果图

▲ 图2-88 岑志强 室内空间设计平面图和效果图

（2）立面图比例较小，因此许多细节往往只能用图例表示，它们的结构和做法都需要另配详图和文字说明，习惯上往往将这些细部只画出一两个作为说明，其他做概括绘制即可。在上色时同样须注意颜色要清晰、明确，不要一味地追求色彩的绚丽而降低立面图和剖面图的辨识度，阻碍图面信息的理解。

（3）立面图和剖面图需要另外附图的细节要标注出结构、装饰点详图的索引符号，用图例、文字或图表说明材料及做法。

（4）手绘立面图和剖面图无须像施工图那般细致、准确，在确保基本尺度正确和图面清晰的前提下，可脱离尺规作图，直接徒手绘制，这样线条更加生动、灵活，富有手绘效果，增强艺术效果的表现。

（三）透视效果图

透视效果图是在环境艺术设计中最直观地展示设计效果的图示，尤其在设计重点部分需要绘制效果图进行说明，往往很多设计最吸引人的就是最终的效果图展示部分。效果图需要给人一种真实感，仿佛有身临其境的感觉，这就需要画者

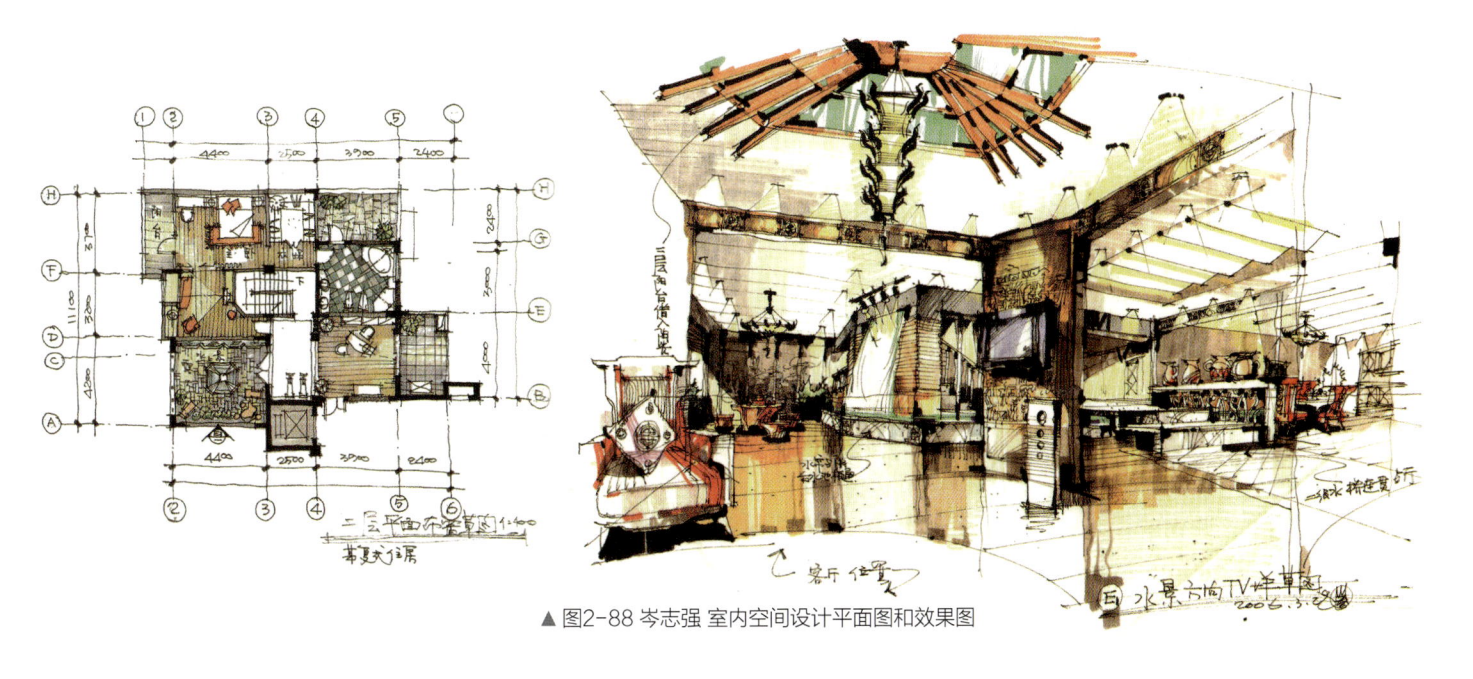

在绘制时选取适当的角度。室内设计和景观设计中一般采取与人同高的高度作为视高，这样的效果更加贴近真实生活中我们所能看到的角度，在建筑设计表现方面视高会在人高的基础上进行上移或下移，从而凸显建筑的高耸，具体需根据实际情况决定。（图2-88、图2-89）

【绘制要点】

（1）效果图绘制的首要任务是确保透视的准确，一旦透视出现问题，整幅画面就会给人不舒服的感觉，即使线条和上色很完美，对于效果图来说也是失败的。在对透视没有把握的情况下，可以查找类似角度的参考图片，将其中的物体或景物进行替换，从而绘制出与设计相符的透视效果图。

（2）效果图的主要目的就是以最直观的方式表现设计内容。绘制效果图要以设计内容为基础，结合设计的平面图、立面图和剖面图的内容进行绘制，不能脱离设计随心所欲地画。在基本形体、颜色、位置准确的前提下可以适当进行微调，以达到最佳的画面效果。

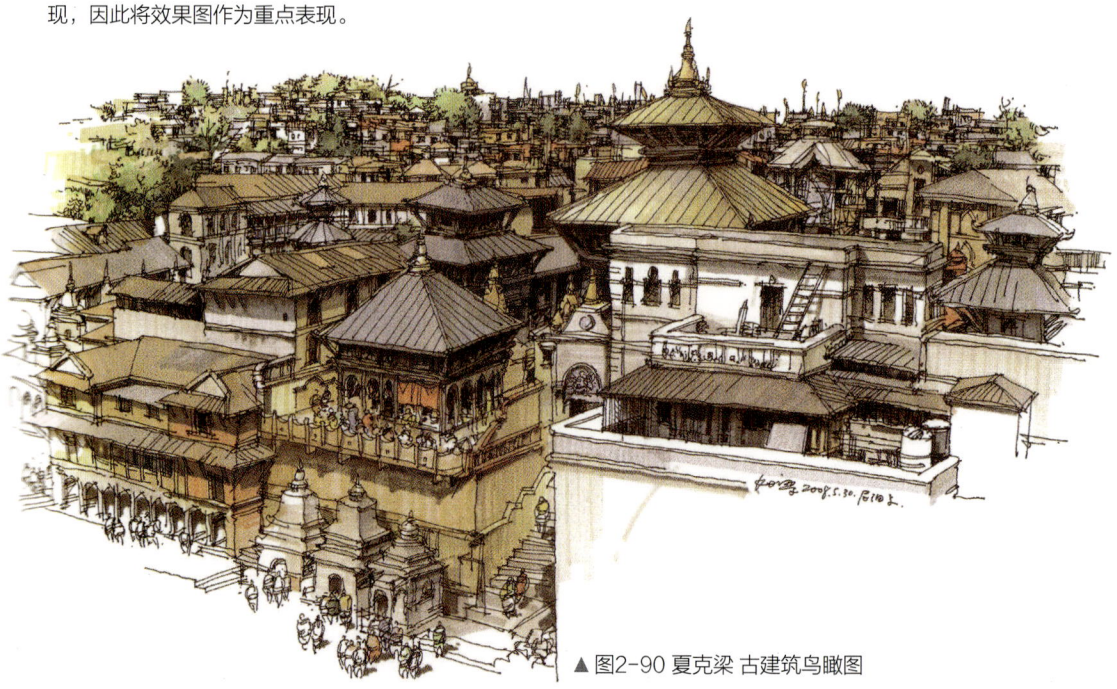

▲图2-89 田林 T台空间改造设计
平面图和立面图采用草图的形式进行表达，重点在于空间的色彩表现，因此将效果图作为重点表现。

▲图2-90 夏克梁 古建筑鸟瞰图

▲ 图2-91 李林 小区设计鸟瞰图

（四）鸟瞰图

鸟瞰图就是利用透视原理，从高处某一点俯视地面起伏绘制而成的立体效果图。手绘表现中，鸟瞰图一般适用于场景比较大的景观设计和建筑设计，例如小区景观设计中会利用鸟瞰图展示除建筑以外的地面景观，俯瞰设计的整体面貌，将所有设计内容尽收眼底。因室内空间有限，基本的透视效果图就可以展现空间全貌，因此鸟瞰图不常用于室内空间设计的表现。

鸟瞰图涉及范围较广，内容丰富，因此在绘制上会有一定难度，尤其在透视的把握上要注意近大远小和近实远虚的透视原理，这样绘制的图面效果才会比较真实。（图2-90～图2-92）

【绘制要点】

（1）在绘制鸟瞰图的时候，可以根据设计重点进行有针对性的绘制。在画面中心的位置着重表现设计最精彩的部分，尽量细致地刻画；在画面边缘就可以做概括处理，无须面面俱到，虚实搭配的绘制方法可以更好地突出画面中心和设计重点。

（2）鸟瞰图涵盖的内容丰富多样，在色彩的绘制上需保持画面色调的整体性。初学者可多采用同类色进行颜色的统一，避免色彩过于混杂，色彩混杂不仅破坏画面效果，还会影响到设计重点的表现。

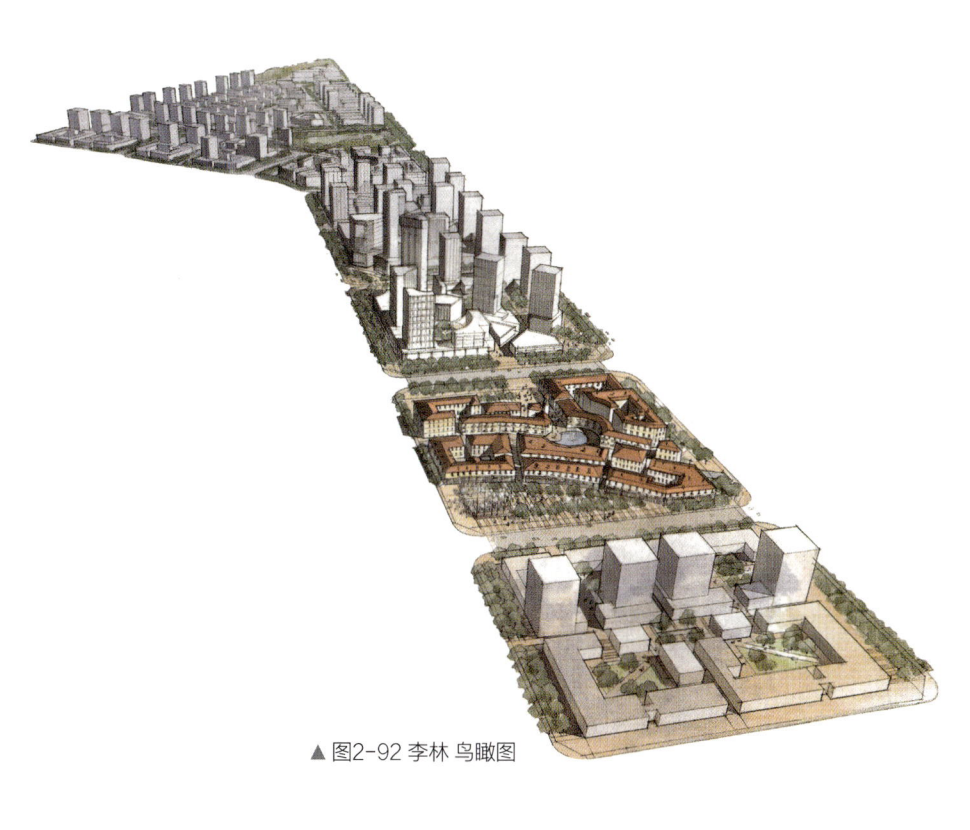

▲ 图2-92 李林 鸟瞰图

四、单元教学导引

目标

本单元的教学目标主要是让学生了解手绘表现应具备的透视基础、造型基础、色彩表现能力等基本技能，从而在手绘表现基础练习时可以快速进入状态。同时需要学生掌握手绘表现中最基本的绘制方法和技巧，熟练运用线条、马克笔笔触、色彩等不同的表现方法来绘制各种材质、肌理、空间，最终实现在环境艺术设计中熟练运用马克笔手绘表现的技法进行设计初期的草图表达和最终的效果图表达。

要求

在这一部分的教学中，教师在理论表述完整、清晰的同时还需要结合实际操作。教师应循序渐进地将手绘表现的技能传授给学生，从易到难逐步递进，为学生现场绘制范画，采用边画边讲的教学方式以加强学生记忆，同时也要结合实际案例、学生练习以及教师指导来进行。

重点

本单元教学的重点就是对环境艺术设计手绘表现基本技法的学习，最重要的是让学生理解并能灵活运用手绘表现中最基本的透视关系、空间塑造、马克笔的使用、色彩运用、整体画面控制等方面内容。

注意事项提示

本单元的内容是一个从简单到复杂的学习过程，切勿为了节省时间而进行跳跃式学习，每一部分内容都是环环相扣的，少了其中任何一部分都不成体系，因此在教授过程中应踏实稳健，同时注意观察学生学习状态，了解学生对于各个部分的掌握情况。手绘表现注重实际的操作能力，应加大学生练习的力度，只有经过大量练习才会有明显的提高。

小结要点

学生对于手绘表现中最基本的技能的掌握情况如何？绘画基础是否对手绘表现技能的掌握产生影响？学生能否积极地完成大量的练习内容？学生是否能够对自身的擅长方面与不足方面做出总结，并想办法解决？学生是否意识到手绘表现在环境艺术设计中的重要性？

为学生提供的思考题：
1. 学习手绘表现应具备哪些相关基本能力？
2. 马克笔与其他手绘工具有何区别？
3. 在完整的设计阶段中，手绘表现的方式有什么不同？
4. 自己是否能够掌握手绘表现最基本的技能？
5. 环境艺术设计手绘表现的基本要素有哪些？
6. 自己喜欢什么风格的手绘表现图？
7. 学习手绘表现过程中最困难的是哪方面？

学生课余时间的练习题：
熟练掌握手绘表现的基本技能，了解各种手绘工具的基本特性并灵活运用到绘制中。

为学生提供的本教学单元参考书目
夏克梁著.夏克梁麦克笔建筑表现与探析[M].南京：东南大学出版社，2010年
曾海鹰著.建筑语绘：曾海鹰建筑手绘表现[M].南京：江苏人民出版社，2012年

单元作业命题：
1. 根据教材上的资料或是自己收集的手绘资料，临摹5张以上单体及局部组团效果图。
2. 收集资料，临摹室内空间效果图、景观空间效果图和建筑效果图各一张。
3. 根据具体项目方案（室内设计、景观设计或建筑设计均可），绘制完整的平面图、立面图、剖面图及鸟瞰图。

作业命题的缘由：
让学生熟练掌握手绘表现基本的表现技法以及在设计中的应用。

命题作业的具体要求：
1. 临摹的作品内容应广泛、全面，也是为后期设计中的手绘表现积累素材。
2. 将自己的设计方案通过手绘表现出来，可加强对设计中手绘表现的理解。

命题作业的实施方式：
装订成册。

作业与制作要求：
1. 所有作业都绘制在A3图纸上。
2. 作业应从易到难逐步完成。
3. 装订成册并设计封面。
4. 注明单元作业课题的名称、年级、任课教师姓名、学生姓名、日期等基本信息。

第 3 教学单元

环境艺术设计手绘表现步骤图解析

一、手绘效果图步骤详解

二、设计方案草图手绘表现实例解析

三、单元教学导引

学习设计手绘表现是一个漫长的过程，要有足够的耐心，在不断的学习中要随时总结经验，找到一个适合自己的学习方法。科学的训练方法和适合自己的技巧能使初学者更加顺利地进入属于自己的手绘领域。我们可以通过对不同的手绘工具的表现和不同的表现风格、形式中总结方法和经验，通过对手绘表现步骤和实际案例的解析，更加深入地了解和分析手绘表现方法和技巧。

3 一、手绘效果图步骤详解

以下展示的手绘表现图都是用马克笔作为主要工具进行绘制的，其中部分表现图因画面需求适当使用了其他辅助工具。范图涉及室内、景观、建筑等不同类型、不同风格的手绘表现，步骤清晰、明确，适合初学者按步骤临摹学习，同时也可以在这个过程中寻找适合自己的手绘表现方法，进而在马克笔手绘表现中逐渐形成自己的风格、特点。

（一）室内手绘效果图步骤（图3-1~图3-5）

图3-1~图3-5 王玉龙 室内空间手绘表现（马克笔）
▲图3-1 步骤一：线稿阶段的表现要注意空间的透视关系、线条的流畅和自然，笔触尽量放轻松。同时配合适当的明暗调子，可以增强画面空间感和黑白灰关系，场景会显得更生动、明朗。

▲图3-2 步骤二：画面的表现主体是床，因此从床入手，中近景尽量刻画细致，表现完整。

第三教学单元 环境艺术设计手绘表现步骤图解析 | 59

◀ 图3-3 步骤三：以画面中心向四周蔓延，整体色调要协调、自然。墙体用浅灰色系平铺即可，局部位置添加些许变化，增强画面丰富性。

◀ 图3-4 步骤四：卧室背景墙部分颜色跳跃，是画面的点睛之笔，可以稍做细致刻画，表现出软包墙面的质感。

◀ 图3-5 步骤五：进一步完善画面整体效果，周围窗帘、墙体可做概括处理，重点突出床的部分即可。

（二）景观手绘效果图步骤（图3-6~图3-10）

图3-6~图3-10 王玉龙 景观雪景手绘表现（马克笔）

▲ 图3-6 步骤一：这幅画没有勾线的部分，只用铅笔简单勾勒出了大致轮廓，直接用马克笔进行上色，因为表现的是雪景，所以要注意留白，从画面重点部分的刻画入手。

▲ 图3-7 步骤二：覆盖在屋顶和石头上的雪都要提前留出，冬天的枯枝、蜡梅可以直接用马克笔勾画出来。

▲ 图3-8 步骤三：将近景的石块和被雪覆盖的地面的暗部画出，雪地的感觉就自然地表现出来了。

▲ 图3-9 步骤四：因为背景颜色比较重，可以先用浅灰色大面积平铺，待后期直接上色。

▲ 图3-10 步骤五：用深灰色将后面山的颜色加重，再勾勒出树枝的形状，画面整体效果就呈现出来了。最后再将细节刻画完整，雪景的感觉就这样完成了。

（三）建筑手绘效果图步骤（图3-11~图3-15）

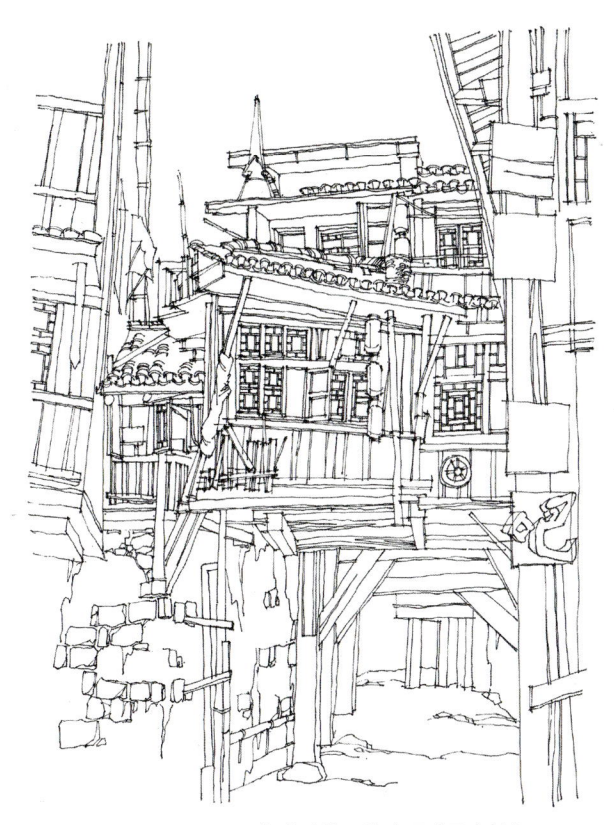

图3-11~图3-15 王玉龙 古建筑手绘表现（马克笔）

▲ 图3-11 步骤一：根据画面需要，用干净的线条表现出建筑轮廓，完整的线条表现有利于后期色彩的刻画。在这一步可以适当添加阴影线条，将建筑的明暗关系稍做表示，也可以只用线做纯粹线描表现。

▲ 图3-12 步骤二：从画面中心入手，由浅入深，重点表现木质建筑的质感和明暗关系。用暖棕色大面积平铺，再加以深褐色拉开画面明暗。

▲ 图3-13 步骤三：用同样的方法对周围的建筑同时进行着色，木质的体现尽量丰富、自然，在适当的地方加入深色压住暗部。

▲ 图3-14 步骤四：将凹凸不平的地面和石头墙面用浅灰色大面积平铺，尽量用暖灰来和谐整个画面，再加以适当的细节。不需太细致，着重表现的还是建筑部分。

▲ 图3-15 步骤五：对近景的建筑部分进行着色，暖褐色同样是整个画面的主要色彩，最后调整整幅画面，使之呈现出一种暖暖的感觉。

二、设计方案草图手绘表现实例解析

好的创意是在不断地思考中形成的，在不断想象中升华的，在熟练的技能中得以表达的。手绘不同于一般的艺术欣赏，它是为了更加实际地在设计中运用。在设计初期的草图阶段以及在设计后期的效果图展示中，都可以结合手绘表现来诠释设计。以下案例从室内空间设计及景观设计中选取较有代表性的案例进行分析，向大家展示了手绘如何完美地与设计融合在一起。

（一）《情牵德州》——美式乡村风格家居设计手绘表现（图3-16~图3-20）

平面图 1:70

▲ 图3-16 王林 平面图

天棚图 1:130

▲ 图3-17 天棚平面图

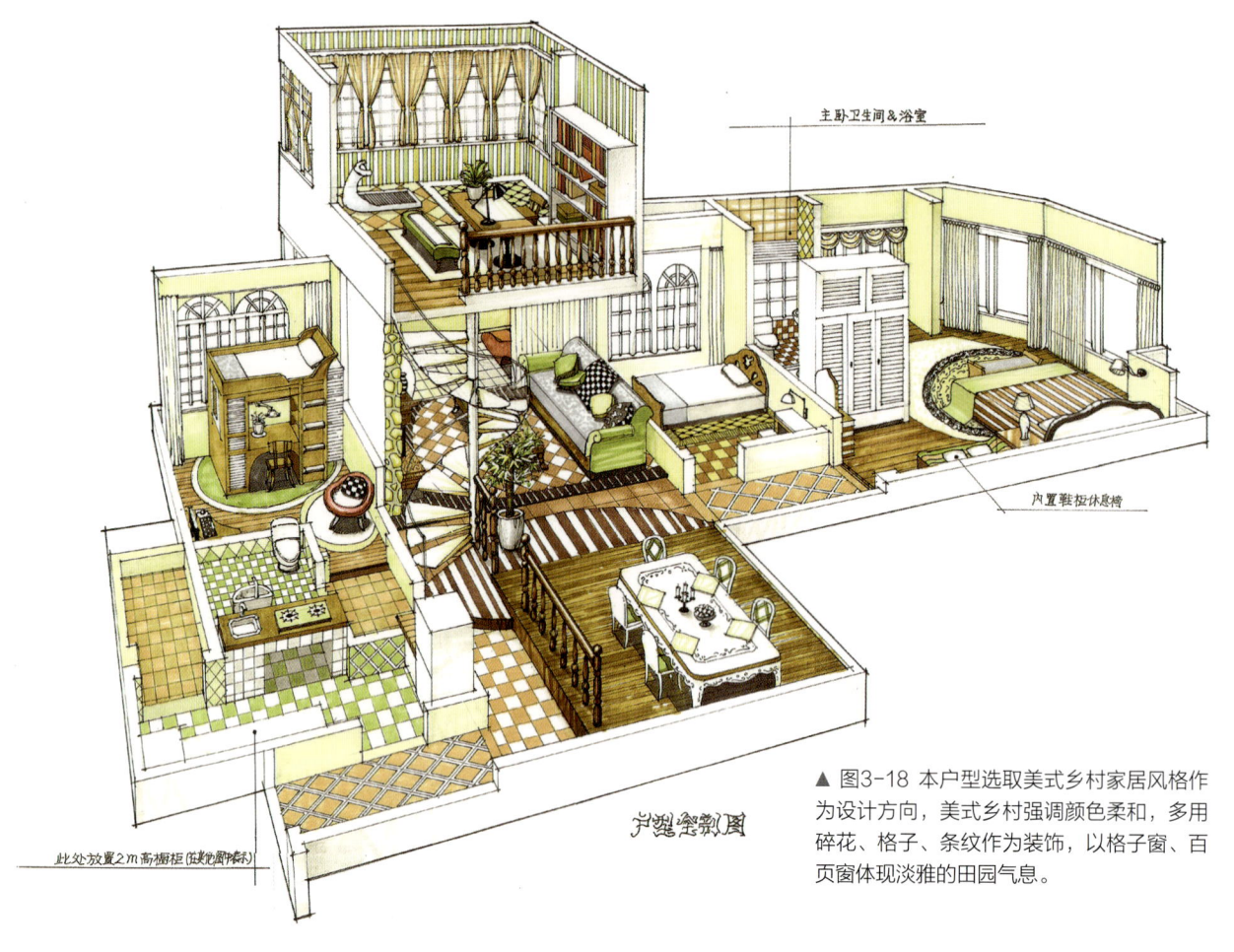

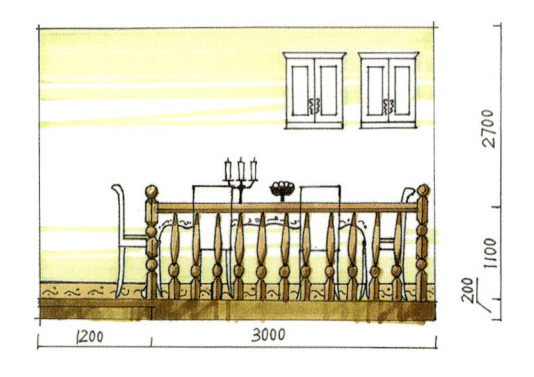

▲ 图3-18 本户型选取美式乡村家居风格作为设计方向，美式乡村强调颜色柔和，多用碎花、格子、条纹作为装饰，以格子窗、百叶窗体现淡雅的田园气息。

▲ 图3-19 餐厅墙面立面图

▲ 图3-20 主卧浴室局部透视效果图

（二）《石头的故事》——主题公园入口设计手绘表现（图3-21~图3-26）

▲图3-21 王玉龙《石头的故事》——主题公园入口立面效果图
对于主题公园的设计需要突出其特色——"石头"的刻画，因画幅较大（A2），因此在细节刻画上较为丰富。

▲图3-22 立面效果图细节表现

▲ 图3-23 水景观区域剖立面效果图
剖立面不仅仅表现场地地形和空间高度之间的关系，还可以作为效果图的另一种表现形式，丰富多样的内容，使画面具有说明性的同时更具有观赏性。

▲ 图3-24 水景区域剖立面效果图细节表现

▲ 图3-25 透视效果图

▲ 图3-26 透视效果图

三、单元教学导引

目标

本教学单元的教学目的主要就是让学生了解手绘表现的基本步骤，以及手绘表现在设计中的应用，让学生在对手绘表现步骤进行分析和临摹的过程中逐渐形成独立的绘制方法，进一步了解马克笔等手绘工具的特性和使用技巧，将设计与手绘自然地结合在一起，能够通过手绘表现的方式表达自己的设计想法。

要求

这一部分内容实践性比较强，需要教师多方面收集相关资料，同时配合现场范画讲解，做到条理清晰、语言生动地为学生讲解手绘表现中各个步骤的重点与难点，在学生容易遇到困难的方面进行更加详细的示范和指导。在实例解析方面，多方面、多角度地分析手绘表现在设计中的应用，以达到良好的教学效果。

重点

本单元教学重点就是对室内、景观、建筑等不同类型的手绘表现步骤的解析说明，教学生如何一步步地完成一张手绘作品。同时将手绘与设计相结合，用手绘表现的方式对设计内容进行展现。

注意事项提示

每个学生对于手绘的理解和习惯上的应用存在差异，教师应该在把握大方向的同时积极培养学生自身独立的绘画习惯和对手绘表现的独创性，允许个体差异的存在。在手绘与设计的结合方面要培养学生自主表现的意识。手绘最终的目的是为设计服务的，并不单纯局限于临摹别人的作品。

小结要点

学生是否可以掌握手绘表现的基本步骤？对手绘工具的使用是不是在逐步熟练？如何理解手绘表现与设计的关系？学生在绘制过程中是否表现出强烈的积极性？通过大量的练习，学生有没有形成自己特有的手绘表现习惯或方法？

为学生提供的思考题：
1. 手绘表现与设计的关系是什么？
2. 手绘表现中你最感兴趣的是哪一方面？
3. 用手绘表现的方式展示设计内容的难点是什么？
4. 有没有形成自己特有的手绘表现方法？

学生课余时间的练习题：
手绘表现在设计中的便捷性。

为学生提供的本教学单元参考书目
[美]迈克·W.林著.建筑设计快速表现[M].上海：上海人民美术出版社，2012年

单元作业命题：
1. 依据教程所提供范画或自己收集资料按步骤进行临摹，室内、景观、建筑各一张。
2. 总结手绘表现对设计的意义与作用。

作业命题的缘由：
使学生熟练掌握手绘表现的基本步骤，了解设计中手绘表现的作用。

命题作业的具体要求：
1. 在临摹范图时可根据自己的习惯步骤进行临摹练习，无须完全依照图示绘制。
2. 将自己对手绘与设计的理解整理成为PPT文件，以便上课讨论。

命题作业的实施方式：
装订成册、PPT制作。

作业与制作要求：
1. 临摹的范图绘制于A3图纸上。
2. 装订成册并设计封面。
3. 注明单元作业课题的名称、年级、任课教师姓名、学生姓名、日期等基本信息。

第 4 教学单元

手绘效果图表现风格及其个人情感表达

一、环境艺术手绘效果图表现风格分类

二、个人情感在效果图中的表现

三、单元教学导引

在经过一段时间的手绘表现训练之后，个人风格以及在手绘表现技法上的独创性就会越来越明显。设计师的表达习惯与技法个性在构图安排、形态塑造、色彩表现、画面效果协调中反复、充分体现，塑造出不一样的个人表现风格。环境艺术设计手绘表现是介于感性表现和理性表现之间的一种艺术设计表现形式，也就是说它既需要设计上的严谨、规范的态度，同时也需要具备艺术上的独特、多样的表现风格，手绘效果图表现风格的形式主要取决于设计师在长期设计表现实践中所形成的个人习惯以及对于美的敏感和正确判断，同时也受到设计师自身的艺术修养和先天对艺术的感悟能力的影响。

作为设计师，在绘制效果图时不能只局限于一种表现风格和方法，环境艺术设计是一个综合的艺术学科，设计范围广，涵盖内容多，具体到每一个设计，其自身都有不可复制的独特性，因此对于设计效果图就要求根据设计内容本身的个体差异有针对性地进行绘制。例如：在进行会议室、礼堂等较严肃的室内空间效果图的绘制时，就需要采用严谨、准确的方法来表现；而对于儿童乐园、森林公园等较为放松的自然环境的绘制，就可将笔触放松，突出表现轻松、愉悦的环境氛围。绘制环境艺术设计效果图的过程实际上就是将设计向艺术转化的过程，但必须依照设计内容进行绘制，不能脱离设计。

4 一、环境艺术手绘效果图表现风格分类

因受到很多客观因素的影响，环境艺术设计中的手绘表现区别于其他纯艺术形式，其表现风格主要可以归纳为两种：快速表现和写实表现。快速表现和写实表现之间没有明确的界限，通常是通过绘制所需时间的长短来进行区分。不同的表现方式在环境艺术设计中都起到了各自重要的作用，虽然在整体风格和特点上有明显的差异，但是它们所表现设计的目的性和所追求的艺术性都是一致的。

（一）快速表现

快速表现是手绘表现学习中应掌握的最重要的手绘表现技能。在设计中经常会通过快速表现的方式表达设计思维、修改设计方案、收集设计资料等，同时，快速表现是最能体现马克笔特性的一种手绘表现方式，相对于写实表现严谨、真实的表现风格，快速表现将随意、自由、轻松的感觉与设计完美地融合在一起，摒弃细节方面的处理，主要表现画面意境和整体感觉。快速表现是在相对较短的时间内，将空间中主要的造型元素、整体色调倾向等关键性部分进行绘制，细节部分通过概括的方式融合于画面中，类似于速写般的随性表达，通过流畅的线条和马克笔大笔触的铺垫，增强画面的生动性和灵活性，表现出画面的整体层次和大的空间关系，突出画面重点。

在现代设计行业中，快速表现作为设计师与客户交流、沟通过程中主要的方式之一越来越被重视，也是设计师所必备的设计素养。在设计方案初级阶段，通常是通过手绘草图的方式对方案进行推敲和不断的修改。手绘草图是思维创造不断深化的过程，是一种视觉化、概念化的绘画，是记录和表达自我感受的一种形式。因此在与客户交流设计方案时，也会通过类似草图式的快速表现的方式，用最简洁的线条，快速、准确地表达自己的设计思维和想法，使对方能在第一时间充分了解自己的想法，这也是快速表现重要的价值体现。（图4-1~图4-5）

第四教学单元 手绘效果图表现风格及其个人情感表达 | 71

▲ 图4-1 王少斌 室内空间快速表现
只要有准确的空间表现和色彩搭配，快速表现在短时间内就可以很好地诠释空间中物体之间的关系。

▲ 图4-2 路易斯·鲁伊斯 西班牙托莱多全景
速写是一种很好的快速表现，它受到各方面的客观影响，不具备长时间作画的条件，因此需要简要勾勒形体并进行简单的色彩覆盖，效果也还是非常不错的。

◀图4-3 余工 西塘建筑局部速写（钢笔）
单色速写对画者的要求更高，不能借助颜色的渲染来表现场景，只通过线条粗细、缓急的组合来表现对建筑的理解。本图是一幅非常不错的速写作品。

▲图4-4 王玉龙 城市夜景手绘表现（马克笔）
作者通过色彩的大胆铺设，表现出城市夜景霓虹漫天的景象。

▲ 图4-5 夏克梁 古建筑手绘表现（马克笔）
无须表现建筑的细节和色彩的微妙变化，只要用轻松的线条和概括的颜色就可以很好地诠释出建筑的整体风貌。

【绘制要点】

（1）快速表现的熟练掌握和运用需要具备基本的绘制基础。首先要有对画面的整体把控能力，具体表现为合理的构图安排、准确的形体透视和自身丰富的空间想象力，对于画面中的重点部分要着重表现，其他部分需要进行概括、归纳。同时还要配合娴熟的表现技巧，任何好的想法都离不开好的表现，对于快速表现来说最重要的基本要求是技巧。

（2）快速表现区别于写实表现最明显的方面就是对于细节的处理，在相对较短的时间里对于画面中不重要的细节部分要进行一定的省略或归纳，无须对每一个部分进行精细的刻画，重点表现画面整体效果即可。

（3）马克笔是最能快速表现灵魂的手绘表现工具。在上色时可运用轻快、跳跃的笔触表现轻松的画面效果，用大色块来表现画面重点部分的明暗关系，以保持色彩的明朗、单纯。非重点部分或是画面边缘部分可直接留白，这样更能凸显画面重心。

（4）快速表现可以通过绘画基础训练中的速写来进行平日练习，可参照实景图片或自己创造的一个简单的空间环境，这样可以很好地训练我们在短时间内对空间的理解能力、准确的结构表现能力、快速记录能力等，以大大提高作画效率。

（5）快速表现所用的时间较短，通常在几分钟到几十分钟不等，有时候寥寥几笔就可以表现出一个简单的空间或形体。快速表现不求准确无误，只要大致地表现画面的基本关系就可以了。

（二）写实表现

写实表现就是追求画面的真实性、准确性、科学性，同时还要具有一定的艺术性。与快速表现不同，写实表现所绘制的场景更加趋于真实的空间环境，在画面的明暗关系、构图安排、色彩的丰富性、结构的准确性上都更加完整、严谨，因此也就需要花费更多的时间和精力。绘制一幅完整的写实表现效果图需要花费几个小时甚至十几个小时的时间，不同画幅和画面内容对于时间和绘制方法的要求也有所不同。写实表现在绘制方面需要有更多的耐心和认真的态度，细节的表现最能体现写实表现的精髓，也是最能抓住观者目光的地方。

写实表现更加适合在环境艺术设计中作为效果图和表现图使用，完整的空间布局、准确的透视、丰富的色彩让空间环境看起来更加真实，仿佛身临其境，使观者更容易理解画面所表现的空间环境和设计内涵。在实际应用的过程中，一幅完整、细致的手绘表现图可以为设计加分，大大增加设计的趣味性和直观性。（图4-6～图4-9）

【绘制要点】

（1）写实表现是将写实贯彻始终，注重画面每一个细节的表现，尤其在对于画面重点部分的表现需要更加细致入微，但不要一味追求局部的细致而忽略了画面整体的空间关系，在表现方面依然要注重近实远虚的基本透视原理，避免画面空间关系不明显，配景过分跳跃，会有喧宾夺主之嫌。

（2）写实表现要求透视、结构、空间等各方面要准确、严谨，在构图阶段可以借助直尺或三角板等绘图工具，力求把握画面中各方面的准确性和科学性。

（3）在上色阶段，要尽可能地使用严谨的笔触，大面积色块采用整齐排列笔触的方法。在对细节进行刻画的同时要结合画面空间的明暗层次和整体的色调关系，保持色彩的统一，让细节融入整个画面中，这样表现出的画面才具有真实感。

（4）写实表现在所需时间上远远超过了快速表现，画幅大小也会影响表现时间，通常所用时间在3小时以上。绘制过程中不要急于求成，力求每一笔都要准确无误，这样才能表现画面的真实性。

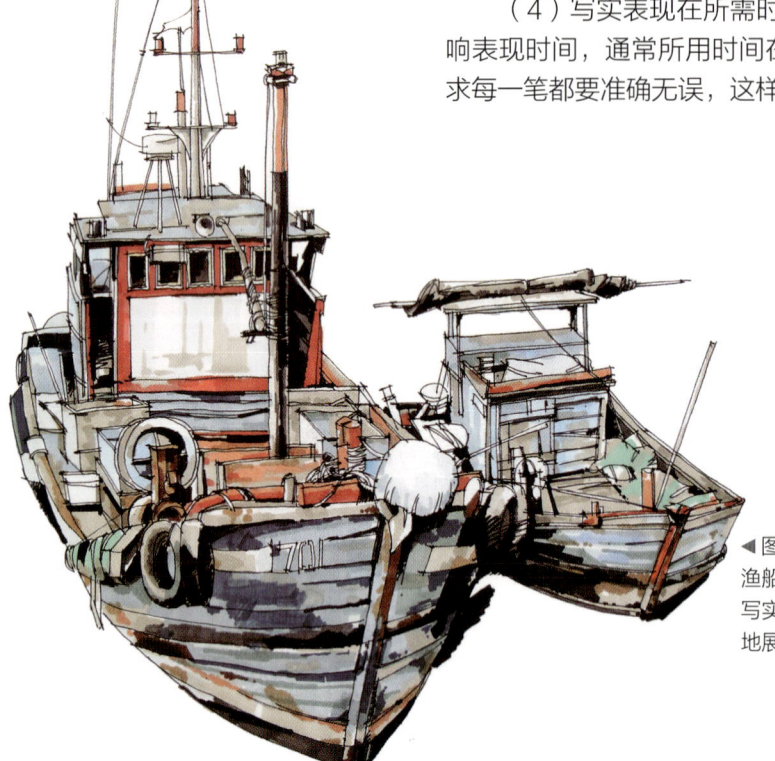

◀图4-6 王玉龙 渔船
渔船的船体色彩丰富多样，多种颜色混合得当，且不杂乱。写实表现时挖掘色彩之间的微妙变化并加以强化，可以很好地展现物体的色彩特征。

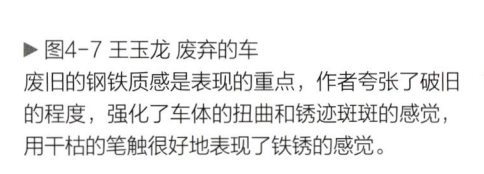

▶图4-7 王玉龙 废弃的车
废旧的钢铁质感是表现的重点，作者夸张了破旧的程度，强化了车体的扭曲和锈迹斑斑的感觉，用干枯的笔触很好地表现了铁锈的感觉。

▲ 图4-8 王玉龙 中国民居建筑
石建筑也是中国民居的一大特色，这幅画重点刻画石建筑的质感，在中景部分做重点刻画，对近景和远景做了概括性描绘。

▲ 图4-9 王玉龙 香港街头景色
城市街头景象丰富、繁杂，表现细节多样，画面中心位置的红色大巴车是表现的重点，其他街头景象围绕画面中心扩散开来。

4 二、个人情感在效果图中的表现

手绘表现实际上是一种特殊的艺术形式，在表现其艺术性的同时还要注重它所需具备的准确性、说明性和真实性，但手绘表现中所展现的场景不同于现实中真实存在的空间环境，倘若一味地追求与真实世界的相似性而忽略手绘本质，那么手绘表现的存在就失去了它的意义。手绘表现所展现出的那种灵动的笔触、质朴的情怀、传神的形态，无一不触动着人们对于美的理解和对设计艺术的向往，它将人们带入一个完全纯净的艺术空间环境，感受设计与艺术共同凝结而成的美妙感觉，这就是手绘表现存在的意义和魅力。

每个手绘者或设计师在绘制手绘表现图时都带有丰富的个人情感。人不是机器，做任何事都带有主观能动性，尤其在艺术方面，对于同一幅画的处理，每个人会用各种不同的方法和形式，无论是线条、颜色，还是构图都存在较大的差异，同时也反映出不同人的内心想法和情感。手绘表现并没有特定的方法和步骤，它只是在面对众多初学者时所寻找到的一个适用于大部分初学者和手绘爱好者的绘制技巧和基本方法。手绘表现最终呈现出来的是一幅完整的作品，至于过程如何，没有人会关心。因此，过程中采用什么样的方法、手段以及怎样的作画步骤都可以根据自身的喜好而定，不受时间和空间的限制。手绘表现更多的是体现电子科技无法模拟的灵动和随性，观者所感受到的除了画作基本内容，更多的是对作者情感的体会。手绘表现作品中的情感流露主要是从线条、色彩中体现出来的，个人的情感甚至性格特点都会随着笔尖留在作品中，凝结成为一幅有明显情感特色的表现图。

（一）线条的情感流露

线条是组成手绘效果图或表现图最基本的元素，某种程度上可以更直观地展现出手绘者对于基本技巧的掌握及绘画功底的好坏。手绘表现中对于线条的总体要求是自然、放松、流畅的，对于初学者，在对线条的处理上总是过于拘谨、小心，在绘画过程中更多的是关注自己不要画错，只求完整表现。不具备深厚扎实的速写功底和笔不离手的长期绘画训练，自然做不到在线条上的放松和自如，也就更加无法随心去画。因此，想要通过线条表达自己内心感受的前提是对线条有长期坚持不懈的训练和扎实的速写功底，当手中的笔可以完全按照自己的想法运行时，线条自然而然就变得生动、流畅了。

线条的表现形式丰富多样，比色彩更加能够表现出灵动和随性，我们所看到的许多优秀手绘作品，不论是严谨、精致的写实画法，还是潇洒、概括的快速表现，每一笔都是作者经过深思熟虑之后完成的。手绘表现的每一根线条和笔触都是思考的过程，并不是无意识的描图和填色，因此，初学者在进行手绘表现的过程中，应多停下来思考一下，斟酌线条的合理性和艺术性，让自己完全投入表现之中，不要三心二意，被无关紧要的事打断自己的作画思路，要努力将自己融入画面中，再通过线条将自己的情感表现出来。（图4-10~图4-12）

▲图4-10 夏克梁 广西三江高定侗寨
画面乱中有序，线条具有强烈的张力和感染力。

▲图4-11 谢尘 建筑细部描绘
画面线条看似凌乱无序，实质上具有极强的表现力，轻松表现出建筑重点。

◀图4-12 夏克梁
广西三江干冲侗寨
画面刻画精细入微，线条十分严谨，绘制这样一幅画需要极强的耐心和观察力。

（二）色彩的整体烘托

手绘表现中对于色彩的要求总体可以概括为自然、协调、统一。自然，主要是要求马克笔的笔触要自然不做作、不生硬，这主要依赖于对马克笔使用的熟练程度；协调，主要针对颜色的合理性，画面中每一部分的颜色都需要对所表现物体起到说明的作用，不要为了好看或自己的喜好乱涂一通，这样的画面效果让人看了必然是不舒服的；统一，是要确保画面中有一个相对明显的色彩倾向，颜色很大程度上可以烘托出所表现空间环境的氛围，统一的色调可以更好地把控画面整体效果，当然，在统一的色调中也可以加入些许变化，增加画面的可看性。

人的眼睛对于色彩的敏感程度远高于线条，因此一幅手绘作品最先吸引到人们的一定是它的整体色彩。在色彩的营造上要根据所表现环境的需求进行适当转换，室内空间中温馨的感觉可以用暖色系（如橙、红等）来营造，清爽宜人的室内空间可以偏冷色系（如蓝、绿等）；景观空间会受到时间的影响出现不同的色彩，清晨的色彩偏冷，傍晚夕阳会让空间整体色调变为暖色。适当地根据画面需求进行色彩的选择，可以通过色彩直接反映出画面给人带来的整体感受。（图4-13～图4-16）

▲ 图4-13 杜建 餐厅效果图表现
画面整体色彩十分和谐，表现出餐厅空间的整洁、光亮。

▲ 图4-14 王玉龙 暖
通过对黄色油菜花的色彩表现，从画面中就可以感受到暖洋洋的春意。

▲图4-15 王玉龙 徽派建筑手绘表现（马克笔）
灰瓦白墙是徽派建筑的一大特点，本作品夸张表现灰色和白色，用同色系表现建筑的整体色调。

▲图4-16 王玉龙 城市夜景手绘表现
在夜景的手绘表现中，灯光是需要较为重点表现的方面，在黑暗的背景衬托下，通过靓丽颜色的对比以及高光笔的点缀，使夜空更为绚烂，色调更为华丽。

（三）画面主题氛围的营造

画面的主题氛围的体现是通过线条、色彩、表达主题共同完成的。一幅手绘表现作品会传达给观者多方面的信息，这些信息是通过画面立意构思、构图安排、线条表现、色彩烘托等表现技法综合而成，但是每一幅手绘作品都要确立一个明确的主题，就如同一篇文章的中心思想一样。画面的主题并不仅仅是指一栋建筑、一棵树、一排沙发等一系列具象的物体，它还可以是画面的氛围：闲适惬意、嘈杂混乱、残旧凄凉等。营造氛围比刻画具象的物体更具有挑战性，没有明确的规定或技法限定每种氛围该使用怎样的表现手法，只有作者对画面有了深切的体会和感悟，才能对画面内容进行充分表达，让观者从画面中体会到所传达的信息和作品的中心思想。

在每幅手绘表现图的绘制中，将自己的感情和对空间的理解结合表现技法，通过手绘的方式充分表现出来是一个长期实践的过程，手绘表现是一场没有终点的旅行，是值得每一个手绘者用一生来学习的。（图4-17~图4-21）

▲ 图4-17 王玉龙 杂乱的街头
城市街头有各式各样的广告牌和门面，交错繁杂，利用色彩的多样变化可以突出街头繁杂的景象。

▲ 图4-18 陈红卫 欧洲建筑表现
画面使用同类色进行表现，色调和谐温暖，表现安逸、舒适的午后景象，空间氛围表现力强。

▲ 图4-19 王玉龙 废弃汽车
空间氛围的营造更多的是通过对景物细节、车体破旧表面的精致刻画，凸显环境的破落，空间氛围尽显凄凉之感。

第四教学单元 手绘效果图表现风格及其个人情感表达 | 83

▲图4-20 王玉龙 索菲亚大教堂手绘表现
通过对教堂局部的细节刻画，表现出建筑的恢宏与细节的精彩。

▲图4-21 王玉龙 中国民居建筑
画面仅用黑白灰的色调就将民居建筑诠释完整，在其中添加一些暖色可以表现阳光下的建筑，营造温暖的氛围。

三、单元教学导引

目标
本单元的教学目标就是让学生了解手绘表现中不同的表现风格，以及在实际绘制时的运用方法；同时让学生充分认识到手绘表现与情感之间的密切关系，每一幅手绘作品都包含了作者对所绘制空间的理解和自己的内心感受。

要求
这一部分内容相对比较抽象，教师在教授过程中需要结合实际案例进行细致的分析，在手绘表现风格部分需要收集资料进行对比分析，让学生理解快速表现和写实表现各自的特点；在情感表现中则需要细致到对线条和色块进行分析讲解，并结合学生的练习、作业进行讲评。

重点
本单元教学的重点内容是分析不同的手绘表现风格分别适用于哪些方面，并且让学生通过练习掌握并熟练运用。

注意事项提示
这一部分内容与学生日后进行相关工作有着密切关系，因此需要通过大量练习让学生能够运用自如，同时在理论知识的教授方面，要结合实际操作使学生有更直观的感受。

小结要点
学生是否能够熟练运用快速表现和写实表现两种不同的表现方法？是否清楚知道不同表现风格的优势和劣势？能否理解情感与表现的关系？

为学生提供的思考题：
1. 你喜欢快速表现风格还是写实表现的风格？
2. 快速表现与写实表现的最大区别是什么？
3. 你认为一幅手绘作品线条重要还是色彩重要？
4. 一幅手绘表现图中最吸引你的是哪方面？

学生课余时间的练习题：
收集自己喜欢的手绘作品。

为学生提供的本教学单元参考书目
闫爱华　陈聪编著.[英]保罗·荷加斯风景人物速写[M].南宁：广西美术出版社，2011
[美]加布里埃尔·坎帕纳里奥著.世界建筑风景速写：城市速写者的创作与技巧[M].北京：中国青年出版社，2013

单元作业命题：
1. 绘制两幅写实风格的手绘表现图（6小时内完成），再将其绘制成快速表现风格的手绘表现图（30分钟之内完成）。
2. 收集资料，浅谈个人情感与手绘表现的关系，阐明自己的观点和感受。

作业命题的缘由：
让学生熟练掌握和运用快速表现和写实表现技法。

命题作业的具体要求：
1. 手绘表现根据实景照片参考临摹，内容不限（如室内、景观、建筑均可），要求写实表现效果图细节丰富，重点突出；快速表现效果图画面整体感强，同样需要突出重点。
2. 收集图片、文字多方面资料充实自己的观点，同时结合自己在绘制过程中的心得体会。

命题作业的实施方式：
装订成册、PPT制作。

作业与制作要求：
1. 手绘表现图绘制于A3图纸上。
2. 自行设计封面并装订成册。
3. PPT注明姓名、班级、任课教师等基本信息，内容丰富，图文并茂，并做课堂演讲。

第 5 教学单元

优秀手绘表现作品赏析

一、室内手绘表现图

二、景观手绘表现图

三、建筑手绘表现图

四、单元教学导引

一、室内手绘表现图

▲ 图5-1 陈红卫 室内局部空间刻画
这幅作品在角度选取上十分新颖，脱离了传统对于室内空间表现用得比较多的一点透视，而是从侧方角度进行观察、刻画，让人过目不忘。

▲ 图5-2 杨健 室内空间效果图表现
这幅作品用色统一，画面色调和谐，对于马克笔的使用严谨、利落，空间层次很丰富，不是单一的一层空间，还有二层空间的表现，是一幅值得临摹、学习的好作品。

▲ 图5-3 王少斌 客厅空间效果图表现
作者绘画风格放松、自如，尤其是线稿笔触生动且灵活。在上色时也注重刻画画面视觉中心，凸显画面重点，四周则通过颜色的过渡进行虚化，使画面主次分明。

▲图5-4 吕律谱 客厅空间效果图表现
这幅作品用色大胆、鲜亮,从视觉上可以很好地吸引观者,作者对马克笔的使用十分娴熟,笔触明确、不犹豫,这是值得很多初学者学习的地方。

▲图5-5 李磊 大堂手绘效果图表现
这幅作品在室内效果图表现中算是较为复杂的,室内空间较大,包含内容丰富多样,细节刻画也十分细致,尤其是对水晶吊灯刻画十分精彩,表现出了灯光的效果以及晶莹剔透的质感。

二、景观手绘表现图

▲图5-6 王玉龙 景观效果图表现
以特色型景观入口作为主要的表现对象，将近景通过具有民族特色的装饰来达到丰富景观的效果，远处则概况地表现植被和裸露的山体。

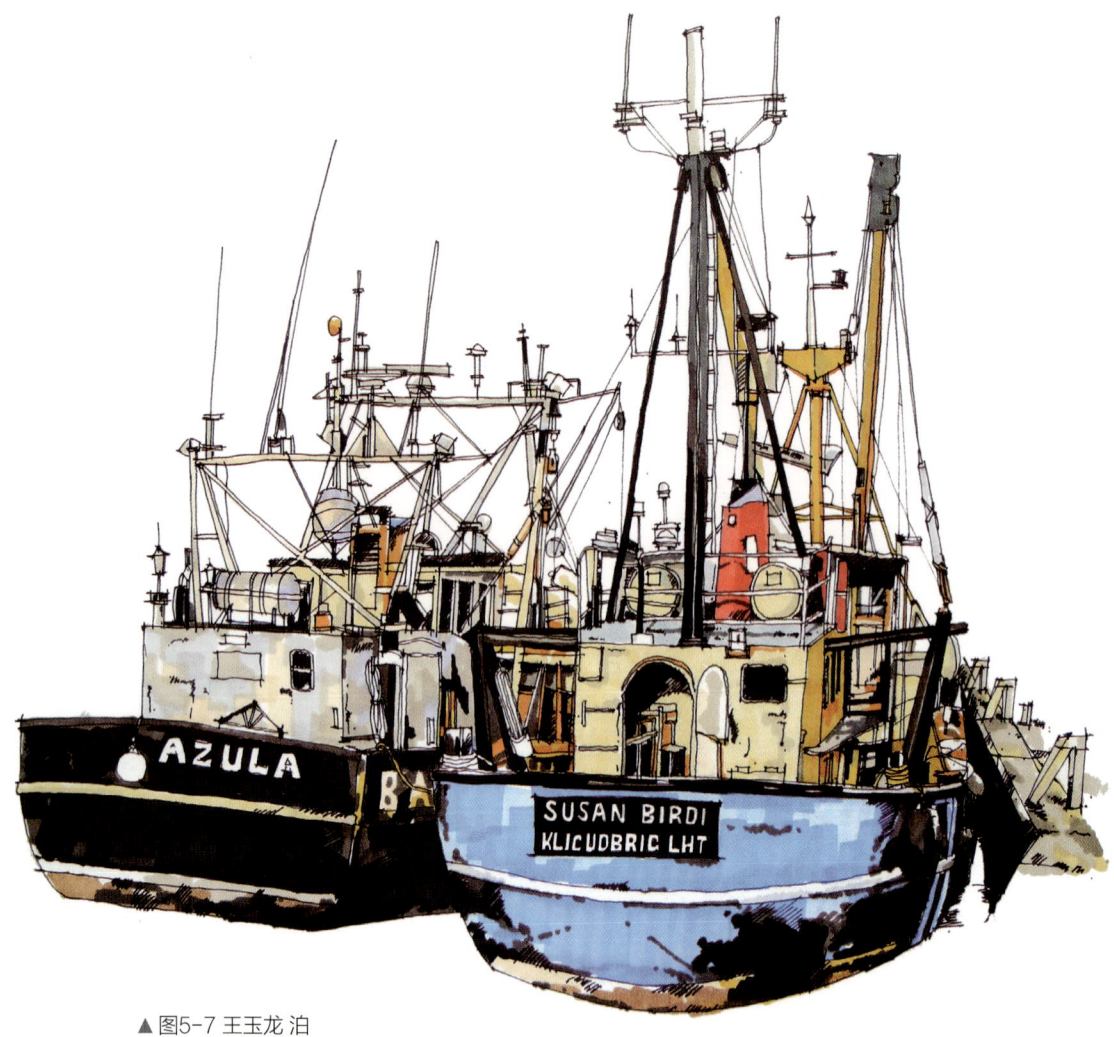

▲ 图5-7 王玉龙 泊
作者对船的刻画深入、清晰，为了更好地表现船体的特征与色彩，作者将周围景物全部舍弃并直接留白，更好地突出了主体。

▲ 图5-8 王玉龙 景观效果图表现
作者将梯田通过地铺的改变和植被的色彩变化来丰富景观效果，不仅使景观具有趣味性，也凸显了设计的独特创新。

▲ 图5-9 李磊 景观效果图表现
这幅作品主要表现的是公园出入口处的景观效果，画面主体的建筑物、植物、车道之间关系清晰、明确，空间关系和谐，既表现出空间的功能性，又展现出与周围环境的融洽、自然。

▲ 图5-10 李磊 景观效果图表现
这幅作品选取了一点透视的角度，很好地表现出了空间的纵深感，近处的景物刻画得细致、精彩，景观元素丰富，使得整个画面效果亲切、生动，充满了生活气息。

三、建筑手绘表现图

▲图5-11 王玉龙 教堂
这幅作品给人第一眼的感觉就是颜色浓重而强烈,主要体现在颜色的使用大胆、自信,并且配合仰视的角度凸显出建筑的高耸和挺拔,给人较强的视觉刺激。

第五教学单元 优秀手绘表现作品赏析 | 93

▲图5-12 王玉龙 苗寨建筑写生
这是作者实地写生的作品，重点表现苗寨建筑的木质感和交错叠加的建筑结构，木头的色彩表现统一，刻画较为细致，表现出当地的建筑特色。

▲图5-13 王玉龙 街头
这幅作品主要表现城市建筑与道路之间错综复杂的关系，昏暗阴沉的天色下，城市街头的色彩变得灰黄、暗淡，画面气氛营造真实，对于建筑的刻画较为深入。

▲ 图5-14 曾海鹰 同济大学旭日楼效果图表现
这幅作品将建筑与周围的景物很好地融为一体，在植物的掩映下，建筑显得更加生动而不僵硬，在线条和色彩的表现中都彰显出作者深厚的绘画功底，描绘生动且自然。

▲ 图5-15 田林 夕阳映衬下的古建筑
这幅作品表现的重点在于色彩的运用，建筑正面运用鲜亮的橙红色调表现夕阳的光影效果，暗部用冷色调与画面产生对比，在色调的冲撞中刻画木质建筑的纹理和特点。

四、单元教学导引

目标
本单元的教学目的主要是让学生对设计中的手绘表现建立自己的评判标准,学会欣赏优秀的手绘作品,并能够从中总结适合自己的手绘表现的方法和风格,并在日后的学习中加以利用。

要求
在经过一段时间的手绘练习之后,学生对手绘表现会有自己特有的理解和认识,在这个基础上需要引导学生将手绘作为设计中必不可少的元素继续合理利用,加强手绘表现与环境艺术设计之间的关系。同时培养学生将手绘作为一种艺术形式来欣赏,并将手绘表现作为环境艺术设计的学习方法来广泛利用。

重点
本单元重点主要是培养学生对不同风格、类型的手绘表现有自己的评判标准。

注意事项提示
本单元内容主要以优秀作品欣赏为主,需要教师收集更多手绘表现方面的资料,具体需要涵盖的内容广泛丰富、形式风格多样,具有一定代表性的手绘作品,让学生能够充分领略到手绘表现所蕴含的丰富内容。同时引导学生将手绘表现作为环境艺术设计中的一项基本技能不断练习,不仅仅是在课堂时间完成作业,更重要的是在日后的设计中灵活运用。

小结要点
学生对手绘表现是否形成了独立的鉴赏标准?整个课程对学生思想上的最大影响是什么?学生对哪种风格的手绘表现更感兴趣?学生是否愿意在课后尝试不同的手绘表现方法?手绘表现中最吸引学生的是哪一方面?

为学生提供的思考题:
1. 哪种风格的手绘表现作品最适合自己?
2. 手绘表现的学习中最困难的是哪个方面?
3. 有没有自己喜欢的手绘画者?
4. 在自己将来的设计中是否会利用手绘表现效果图?
5. 自己是否愿意不断尝试新的画法?

学生课余时间的练习题:
收集不同风格、类型的手绘作品。

为学生提供的本教学单元参考书目
夏克梁著.夏克梁钢笔建筑画新作集[M].天津:天津大学出版社,2010年

单元作业命题:
选取自己喜欢的手绘作品进行分析、鉴赏。

作业命题的缘由:
培养学生在手绘表现方面形成独立的评判标准,了解每幅作品哪些地方是值得借鉴的,哪些地方是需要注意的,从而落实到自己的实践中,形成指导作用。

命题作业的具体要求:
1. 选取3~5幅自己喜欢的作品进行分析,说出它的优劣处。
2. 阐述自己对手绘表现的理解和感想。
3. 将总结做成PPT文件,上课与老师同学交流讨论。

命题作业的实施方式:
PPT制作。

作业与制作要求:
1. 分析条目清晰、明确,说明自己喜欢的理由并阐述自己的观点。
2. PPT需进行一定的版式设计,注明作业课程名称、班级、任课教师、学生姓名等基本信息。

后记

环境艺术设计手绘表现课程不像设计类其他基础理论课程那样具有极强的理论性和专业性,本课程更多的是对于手绘表现感性的理解和感悟,这并不是一个名词解释就能让读者能够真正体会到的。因此,这对于教程编写者的要求也相对较高。

书中大部分的配图都出自我们笔下,因此,整个编写阶段都在进行不断的绘制。在合理安排每一单元的内容和单元关系的同时,我们尽可能地将每一幅配图都做到最好,即使只是一幅简易的说明性图示,都希望能让读者清晰明白所要表达的重点。即使这样,书中仍有部分内容我们认为可以做得更好,这让我们体会到了写作的不易,更加坚定我们不断完善自我的决心。本书的出版希望能够提供给大家更多可以汲取的营养。

在几个月的教程编写过程中,我们的导师、家人、朋友和同学,都给予了我们极大的帮助和鼓励。西南师范大学出版社正端美术工作室的编辑们对我们的工作也给予了理解与支持,在他们的支持下此书才能顺利完成,在此深表感谢!

王玉龙 田林

参考文献

岑志强 编著.设计手绘表现与实例[M].南昌:江西美术出版社,2011年
曾海鹰 著.建筑语绘:曾海鹰建筑手绘表现[M].南京:江苏人民出版社,2012年
夏克梁 著.夏克梁麦克笔建筑表现与探析[M].南京:东南大学出版社,2010年
夏克梁 著.夏克梁钢笔建筑画新作集[M].天津:天津大学出版社,2010年
[美]加布里埃尔·坎帕纳里奥著.世界建筑风景速写:城市速写者的创作与技巧[M].北京:中国青年出版社,2013年
[美]迈克·W.林 著.建筑设计快速表现[M].上海:上海人民美术出版社,2012年
杜健,吕律谱 编著.卓越手绘:30天必会室内手绘快速表现[M].武汉:华中科技大学出版社,2014年